普通高等教育计算机系列规划教材

# 计算机应用基础实践教程

## （Windows 7+ Office 2010）

## （第4版）

陈　娟　卢东方　主　编

杜松江　张　佳　李　鹏　副主编

U0198099

电子工业出版社

**Publishing House of Electronics Industry**

北京·BEIJING

## 内 容 简 介

本书是与《计算机应用基础教程》（第 4 版）相配套的一本实践教程，是办公自动化的最佳参考书之一。本书按照《计算机应用基础教程》中各章内容的先后顺序编排，每章都安排有实践的内容，并提供了综合应用练习。本书所提供的实践内容主要包括：微型计算机系统的组成及键盘操作、微型计算机基本操作的拓展、Windows 7 操作系统的使用、Word 2010 文档编辑与排版、Excel 2010 电子表格数据处理、PowerPoint 2010 演示文稿的制作、Access 2010 的使用、常用工具软件、网络的基本应用、常用办公设备的使用与维护及 Office 2010 综合应用等方面。

本书把计算机基础知识、操作方法、操作步骤及实践内容有机地结合在一起，有益于学生上机自学，并实现案例教学的目的。针对每个实践项目还配有思考题及需要总结的主要内容，为学生上机实践与总结提供了指导性的意见。

本书可供高等学校普通本、专科生使用，也可供广大计算机用户自学。

**图书在版编目（CIP）数据**

计算机应用基础实践教程：Windows 7+Office 2010/陈娟，卢东方主编. —4 版.—北京：电子工业出版社，2017.9
（普通高等教育计算机系列规划教材）

ISBN 978-7-121-32311-9

Ⅰ. ①计… Ⅱ. ①陈… ②卢… Ⅲ. ①Windows 操作系统－高等学校－教材②办公自动化－应用软件－高等学校－教材 Ⅳ. ①TP316.7②TP317.1

中国版本图书馆 CIP 数据核字（2017）第 182463 号

策划编辑：徐建军（xujj@phei.com.cn）
责任编辑：张 京
印 刷：三河市良远印务有限公司
装 订：三河市良远印务有限公司
出版发行：电子工业出版社
　　　　　北京市海淀区万寿路 173 信箱　邮编　100036
开 本：787×1 092 1/16 印张：9.5 字数：243 千字
版 次：2008 年 7 月第 1 版
　　　　2017 年 9 月第 4 版
印 次：2017 年 9 月第 1 次印刷
印 数：3 000 册 定价：28.00 元

凡所购买电子工业出版社图书有缺损问题，请向购买书店调换。若书店售缺，请与本社发行部联系，联系及邮购电话：（010）88254888，88258888。

质量投诉请发邮件至 zlts@phei.com.cn，盗版侵权举报请发邮件至 dbqq@phei.com.cn。

本书咨询联系方式：（010）88254570。

# 前言
## Preface

2014 年 9 月，修订了本书及配套的《计算机应用基础教程》，作为第 3 版。当时根据全国计算机等级考试（NCRE）新大纲（2013 年版）的内容进行了调整。

根据教育部考试中心下发的《关于做好 2017 年全国计算机等级考试工作的通知》要求，自 2017 年 3 月考试起，除二级 Access 数据库程序设计（科目代码 29）将使用新版考试大纲（2016 年版）外，其他考试科目继续使用 2013 年版考试体系，包括"一级计算机基础及 MS Office 应用"考试，因此，本书与其配套的《计算机应用基础教程》进行了同步修订，作为第 4 版，均保留了第 3 版的主体结构。

本书根据全国计算机等级考试（NCRE）新大纲（2013 年版）的要求，为了让学生更好地参加一级计算机基础及 MS Office 应用的考试，在以下几个方面提供了较多的练习题及参考答案：计算机的发展、类型及其应用领域；计算机软、硬件系统的组成及主要技术指标；计算机中数据的表示、存储与处理；多媒体技术的概念与应用；计算机病毒的概念、特征、分类与防治；计算机网络及安全等。

本书由陈娟和卢东方担任主编，负责大纲的制定与统稿。李鹏编写第 2、10 章，卢东方编写第 3 章，汪利琴编写第 4、11 章，杜松江编写第 5、6、8 章，张佳编写第 7 章，陈娟编写第 1、9 章及综合练习题。李华贵教授担任本书主审。

由于时间仓促与编者的学识水平有限，书中难免疏漏和不当之处，敬请读者不吝指正。

编　者

# 目 录
## Contents

第1章　微型计算机系统的组成及键盘操作 ······················· （1）

实验　计算机硬件系统的认识与计算机基本操作 ··············· （1）

一、实验目的 ····································· （1）

二、实验原理 ····································· （1）

三、实验内容及步骤 ································ （9）

四、实验总结 ····································· （15）

第2章　微型计算机基本操作的拓展 ·························· （16）

实验　基本操作的拓展 ································ （16）

一、实验目的 ····································· （16）

二、实验内容及步骤 ································ （16）

三、思考题 ······································ （18）

第3章　Windows 7 操作系统的使用 ························· （19）

实验　Windows 7 的使用 ······························ （19）

一、实验目的 ····································· （19）

二、实验内容及步骤 ································ （19）

三、思考题 ······································ （29）

第4章　Word 2010 文档编辑与排版 ·························· （30）

实验一　Word 2010 的基本操作 ························· （30）

一、实验目的 ····································· （30）

二、实验内容及步骤 ································ （30）

三、思考题 ······································ （33）

实验二　Word 2010 文档的编辑与排版 ····················· （33）

一、实验目的 ····································· （33）

二、实验内容及步骤 ································ （34）

三、思考题 ······································ （43）

实验三　Word 2010 表格设计 ·························· （44）

一、实验目的 ····································· （44）

二、实验内容及步骤 ················································································ (44)

三、思考题 ···························································································· (50)

## 第5章　Excel 2010 电子表格数据处理 ······························· (51)

实验一　Excel 2010 的基本操作及公式应用 ························· (51)

一、实验目的 ························································································ (51)

二、实验内容及步骤 ·············································································· (51)

三、思考题 ···························································································· (59)

实验二　数据分析与管理 ··················································· (59)

一、实验目的 ························································································ (59)

二、实验内容及步骤 ·············································································· (59)

三、思考题 ···························································································· (66)

## 第6章　PowerPoint 2010 演示文稿的制作 ······················· (67)

实验一　PowerPoint 2010 的基本操作 ······························· (67)

一、实验目的 ························································································ (67)

二、实验内容及步骤 ·············································································· (67)

三、思考题 ···························································································· (79)

实验二　PowerPoint 2010 综合应用实例 ···························· (79)

一、实验目的 ························································································ (79)

二、实验内容及步骤 ·············································································· (79)

三、思考题 ···························································································· (82)

## 第7章　Access 2010 的使用 ········································· (83)

实验　学生成绩管理数据库的设计 ······································ (83)

一、实验目的 ························································································ (83)

二、实验内容及步骤 ·············································································· (83)

三、思考题 ···························································································· (91)

## 第8章　常用工具软件 ················································· (92)

实验　常用软件的安装与使用 ··········································· (92)

一、实验目的 ························································································ (92)

二、实验内容及步骤 ·············································································· (92)

三、思考题 ···························································································· (98)

## 第9章　网络的基本应用 ··············································· (99)

实验一　Internet 的接入 ·················································· (99)

一、实验目的 ························································································ (99)

二、实验内容及步骤 ·············································································· (99)

三、思考题 ··························································································· (101)

实验二　IE 浏览器的使用 ················································ (101)

一、实验目的 ······················································································· (101)

二、实验内容及步骤 ············································································· (101)

三、思考题 ··························································································· (105)

实验三　电子邮箱的使用 ················································· (105)

　　一、实验目的 ……………………………………………………………………（105）

　　二、实验内容及步骤 ……………………………………………………………（105）

　　三、思考题 ………………………………………………………………………（108）

实验四　常见搜索引擎的使用 …………………………………………………………（108）

　　一、实验目的 ……………………………………………………………………（108）

　　二、实验内容及步骤 ……………………………………………………………（108）

　　三、思考题 ………………………………………………………………………（109）

**第 10 章　常用办公设备的使用与维护** ………………………………………………（110）

实验一　共享打印机和访问共享打印机 ………………………………………………（110）

　　一、实验目的 ……………………………………………………………………（110）

　　二、实验内容及步骤 ……………………………………………………………（110）

　　三、思考题 ………………………………………………………………………（113）

实验二　复制光盘 ………………………………………………………………………（113）

　　一、实验目的 ……………………………………………………………………（113）

　　二、实验内容及步骤 ……………………………………………………………（113）

　　三、思考题 ………………………………………………………………………（113）

**第 11 章　Office 2010 综合应用** ……………………………………………………（114）

实验一　Office 2010 综合练习 …………………………………………………………（114）

　　一、实验目的 ……………………………………………………………………（114）

　　二、实验内容及步骤 ……………………………………………………………（114）

　　三、思考题 ………………………………………………………………………（119）

实验二　Office 2010 各工具交叉应用 …………………………………………………（119）

　　一、实验目的 ……………………………………………………………………（119）

　　二、实验内容及步骤 ……………………………………………………………（119）

　　三、思考题 ………………………………………………………………………（124）

**第 12 章　综合练习题** ………………………………………………………………（125）

习题一 ……………………………………………………………………………………（125）

习题二 ……………………………………………………………………………………（131）

习题三 ……………………………………………………………………………………（139）

综合练习题参考答案 ……………………………………………………………………（142）

# 第1章

# 微型计算机系统的组成及键盘操作

## 实验 计算机硬件系统的认识与计算机基本操作

### 一、实验目的

1. 熟悉计算机的基本结构、主板的组成、接口的连接及各大部件的功能。
2. 熟悉计算机键盘的分区及主要键的功能。
3. 认识微型计算机的前面板与后面板的组成，学会对微型计算机的基本操作。

### 二、实验原理

微型计算机（简称微机）系统由硬件与软件两大部分组成，分别称为硬件（Hardware）系统与软件（Software）系统。

#### 1. 计算机的基本结构

根据冯·诺依曼（Von Neumann）计算机的基本思想，微型计算机的硬件系统由运算器、控制器、存储器、输入设备及输出设备（I/O）五大部分组成。

（1）中央处理器

中央处理器简称 CPU。CPU 是采用大规模和超大规模集成电路技术将算术逻辑部件（Arithmetic Logic Unit，ALU）、控制部件（Control Unit，CU）和寄存器组（Registers）等基本部分用内部总线集成在一块半导体芯片上构成的电子器件。

（2）存储器

存储器包括只读存储器（ROM）和随机存取存储器（RAM）两类，存储器的功能主要是用于存放程序与数据。程序是指令的有序集合，也是计算机运行的依据，数据则是计算机操作的对象。无论是程序还是数据，在计算机的存储器中都以二进制数的形式表示，不是高电平逻辑"1"，就是低电平逻辑"0"，统称为信息。计算机执行程序之前，必须把这些信息存放到一定范围的存储器中。存储器被划分成许许多多的小单元，称为存储单元，一个存储单元包括 8 位（bit）二进制数，即一个字节（Byte）。

（3）输入/输出（I/O）接口

I/O 接口（Interface）是 CPU 与 I/O 设备之间的连接电路，不同的 I/O 设备有不同的 I/O 接口电路。例如，显示器通过显卡与 CPU 连接，键盘通过键盘接口电路与 CPU 连接，网络通过网卡才能与 CPU 连接。

（4）总线

这里的总线（BUS）包括地址总线、数据总线和控制总线三种。所谓总线，它将多个功能部件连接起来，并提供传送信息的公共通道，能为多个功能部件分时共享。

**2. 32 位 PC 计算机结构**

以 80386 处理器指令集结构为标准的中央处理器统称为 Intel 32 位结构（Intel Architecture-32，IA-32）。在微机的应用与发展进程中，产生了许多种型号的主板，以微处理器为控制中心组成的主板均具有多层次的结构，如图 1-1 所示。

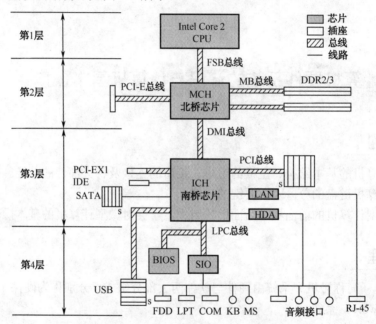

图 1-1　以微处理器为控制中心的分层结构

以微处理器为控制中心的分层结构包含 1 个 CPU、3 个外围芯片、5 种接口及 7 类总线，系统结构满足所谓的 1-3-5-7 规则。1-3-5-7 规则是指主要的结构，但是实际上有增也有减。

（1）1 个 CPU

计算机系统以 CPU 为中心进行设计，CPU 位于系统分层结构的顶层（第 1 层），控制全系统的运行状态。

（2）3 个外围芯片

3 个外围芯片包括北桥芯片（MCH）、南桥芯片（ICH）及 BIOS 芯片（FWH）等。

北桥芯片具有三大接口的功能，包括 CPU 与内存之间的接口、CPU 与显示器之间的接口及 CPU 与南桥芯片之间的接口。相对于南桥芯片，北桥芯片直接连接的设备要少一些，但是传输数据量要大许多，北桥芯片的好坏直接影响主板的性能。

南桥芯片提供多种低速外设的接口，并与之相连接。

南桥芯片负责 I/O 总线（如 PCI、USB、LAN、HDA、SATA、IDE、LPC 等总线）之间的通信、实时时钟控制器、高级电源管理、IDE 控制及附加功能等。

（3）5 种接口

- 串行 ATA（Advanced Technology Attachment）接口（Serial ATA，SATA）。串行 ATA 的中文意思是"串行高级技术附加装置"，这是一种完全不同于并行 ATA 的新型硬盘接口类型，Serial ATA 1.0 定义的数据传输速率可达 150MB/s，这比最快的并行 ATA 所能达到的 133MB/s 的最高数据传输速率还高，而目前 SATA II 的数据传输速率则已经高达 300MB/s。

- 电子集成驱动器（Integrated Drive Electronics，IDE）。它的本意是指把"硬盘控制器"与"盘体"集成在一起的硬盘驱动器，IDE 是现在普遍使用的外部接口，主要接硬盘和光驱。它采用 16 位数据并行传送方式，体积小，数据传输快。一个 IDE 接口只能接两个外部设备。

- 超级输入/输出接口（SIO）。所谓的"超级"是指它集成了 PS/2 键盘（KB）、PS/2 鼠标（MS）、RS-232C 串口通信（COM）、并口（LPT）等接口的处理功能，而这些接口连接的设备都是计算机中慢速的 I/O 设备。它的主要功能包括负责处理从键盘、鼠标、串行接口等连接的设备传输来的串行数据，将它们转换成并行数据传送到 CPU，将 CPU 传输来的并行数据转换成串行数据送往串行设备，同时也负责并行接口（LPT）、软驱接口（FDD）数据的传输与处理。

- LAN（Local Area Network）接口。LAN 接口称为局域网接口，LAN 接口是内网接口，主要用于将路由器与局域网进行连接。路由器或者交换机上的 LAN 接口一般是指局域网口，RJ-45 接口就是一般的网线接口。图 1-1 中的 RJ-45 接口是常见的双绞线以太网接口，因为在快速以太网中主要采用双绞线作为传输介质，所以根据端口的通信速率不同，RJ-45 接口又可分为 10Base-T 网 RJ-45 接口和 100Base-TX 网 RJ-45 接口两类。其中，10Base-T 网的 RJ-45 接口在路由器中通常标识为"ETH"，而 100Base-TX 网的 RJ-45 端口则通常标识为"10/100bTX"。

- 高级数字化音频接口（HDA）。该音频接口往往还需要外接音频扩大器，然后驱动音响设备。部分高端产品还提供无线局域网接口、蓝牙接口、IEEE1394 接口及 RAID 接口。

**3. 微型计算机各部分的硬件**

（1）主板

图 1-2 为两种不同的主板。

(a)　　　　　　　　　　　　　(b)

图 1-2　主板图

① CPU。

LGA 接口是当前 CPU 的主流接口形式，通常称作 LGA 无针脚触点插座。例如，LGA 1155 中，"1155" 代表触点的数量，"LGA" 则代表处理器是触点阵列封装，其封装的特征是没有了以往的针脚，只有一个个整齐排列的金属圆点，因此这类 CPU 需要一个安装扣架来固定，将 CPU 压在 LGA 无针脚触点插座的弹性触须上。

安装此类 CPU 时，首先用适当的力向下微压固定 CPU 的金属压杆，同时用力往外推金属压杆，使其脱离固定卡扣，金属压杆脱离卡扣后，便可以将金属压杆拉起，如图 1-3 所示。

将 CPU 安放到位以后，轻轻地按住装载盖板并扣住装载杆，微用力扣下压杆，直至 CPU 被稳稳地安装到主板上，确保装载盖板被扣在装载杆的突出处下，此时 CPU 安装过程结束，这不仅适用于英特尔的处理器，而且适用于目前所有的处理器。安装过程中要注意：不要用手去接触插槽里的一排排金属"触须"及处理器上的圆形触点。CPU 安装完成如图 1-4 所示。

图 1-3　CPU 插座侧面的金属压杆　　　　图 1-4　CPU 安装完成

② CPU 风扇。

由于现在的 CPU 发热量都比较大，为了给 CPU 散发热量，必须为 CPU 安装散热器，一般情况下都是风冷散热器。安装散热器前，先要在 CPU 表面均匀地涂上一层导热硅脂。导热硅脂的主要作用是使 CPU 和散热器金属表面充分接触，而不是起到粘合作用，并且很多散热器在购买时已经在底部与 CPU 接触的部分涂上了导热硅脂，因此没有必要再在处理器上涂一层导热硅脂了。按照扣具的方向将散热风扇扣好，注意用力要得当，防止损坏 CPU。最后，把 CPU 风扇的电源线与主板上相关的电源插座相连，如图 1-5 所示。

图 1-5　CPU 风扇电源的连接

③ 内存条。

内存条底部的缺口将金属插脚（金手指）分为两部分，该缺口用于在安装时正确对位，不同型号内存条缺口的位置不一样。将内存插槽两端的扣具拨开，然后双手握住内存条两侧，将内存条平行放入内存插槽中，内存条两侧的凹部用于安装就位后的卡位。将内存条底部金手指上的缺口处对准内存插槽中的凸部，对准方位后将内存条垂直向下用力压入插槽中，观察到内存插槽两侧的弹性卡卡住内存条后，内存条即安装就位，如图1-6所示。

图1-6　安装内存条

④ 机箱底板上固定主板。

在主板上安装完CPU和内存条后，就可以将主板装入机箱了。定位金属螺柱和塑料定位卡是在机箱底板上固定主板的紧固件，它们由机箱供应商与机箱配套提供。还可以看到在主板边缘和中间有一些（定位）圆孔，这些圆孔和机箱底板上的圆孔相对应，利用这些圆孔可将主板固定在机箱底板上。在定位圆孔上拧上螺钉，即可固定主板，如图1-7所示。

图1-7　主板上的固定螺钉

⑤ 各种接口卡。

在计算机主板上，可以根据需要安装各种接口卡，通过这些接口卡可实现CPU与外设（如显示卡、声卡、网卡等）之间的数据传输。

目前主板采用的I/O总线插槽有PCI、PCI-Express，机箱后面板处有一个竖直条形窗口，可把接口卡尾部的金属接口挡板用螺钉固定在条形窗口顶部的螺孔上，通过挡板上的接口与外部设备相连。

图1-8是安装PCI-Epress接口显示卡的实物。

图 1-8 主板上的显示卡

（2）主板上的 SATA 插座及其连接的硬盘驱动器

SATA 接口硬盘是比较流行的，这种硬盘没有传统的 IDE 硬盘主从设置问题。SATA 硬盘的接口插拔更方便，采用 SATA 排线的一端接头连接到 SATA 硬盘，排线的另一端连接到主板上的 SATA 插座。

接口采用了防呆式的设计，方向反了根本无法插入，通过仔细观察接口的设计，就能看出如何连接。注意，主板上的 SATA 插座只能连接一个 SATA 设备。另外需要说明的是，SATA 硬盘的供电接口也与普通的四针梯形供电接口有所不同，但是同样具有防插错的设计，如果方向插反了，是不可能插进去的，确认方向正确后一定要安插到底，如图 1-9 和图 1-10 所示。

图 1-9 主板上的 SATA 插座　　　　　　图 1-10 连接在硬盘上的 SATA 排线和电源线

将硬盘驱动器插入驱动器舱后，使用螺钉将硬盘驱动器固定在驱动器舱中。因为硬盘经常处于高速运转的状态，为了减少噪声并防止震动，在安装的时候要尽量把螺钉拧紧，如图 1-11 所示。

图 1-11 在硬盘驱动器舱用固定螺钉固定硬盘

（3）光盘驱动器

从机箱的面板上取下一个五寸槽口的塑料挡板，可以把光盘驱动器（简称光驱）从前面板放进去。为了解决散热的问题，应该尽量把光驱安装在机箱最上面的位置。将光驱两个侧面的螺孔与驱动器舱上的螺孔对齐，用螺钉将光驱固定在驱动器舱中，与硬盘的安装类似，如图1-12所示。

图1-12　安装光驱

光驱接口的主流技术也是SATA接口技术，SATA排线和电源线连接方式与硬盘连接方式类似。

注意，由于光盘的应用越来越少，许多微机没有安装光盘驱动器。

（4）连接主板电源

将电源上的几种电源连线接到主板上，连接主板的电源线主要有24孔的主板电源线接头、4针的风扇电源线接头及4针的系统散热风扇的电源接头。电源插座都具有防呆设计，确认正确的方向后插入即可。

主板的电源插座是+12V的，主要提供CPU电源，如图1-13所示。

图1-13　主板上的电源插座

（5）连接其他元件

主板与机箱面板上指示灯、重启键及主板与机箱USB接口、音频插孔等的连线如图1-14所示，这里是主板上硬盘运行指示灯、重启键、PC喇叭及电源在主板上的连接插脚。机箱上所带的连接线就可以连到这些连接插脚上，连接时注意针脚的正负极。

图1-14　主板上硬盘运行指示灯、重启键、PC喇叭及电源的连接插脚

USB 接口是使用范围最广的接口，为了方便用户的使用，在机箱的前面板上一般都提供前置的 USB 接口，所以要通过机箱上提供的连接线把主板上的 USB 接口连接到机箱前置的 USB 接口。

图 1-15 所示的是机箱面板前置 USB 的连接线，其中 VCC 用来供电，USB2+与 USB2-分别是 USB 的正、负极接口，GND 为接地线。图 1-16 所示为主板上 USB 连接线的插孔。

图 1-15　机箱面板前置 USB 的连接线

图 1-16　主板上 USB 连接线的插孔

图 1-17　机箱面板前置音
频接口连接线

为了方便用户的使用，目前机箱除了具备前置的 USB 接口外，音频接口也被移植到了机箱的前面板上。为了使连接机箱前面板上的耳机和话筒都能够正常使用，通常前置的音频线与主板正确的连接如图 1-17 所示。

图 1-17 中的 L 表示左声道，R 表示右声道。其中，MIC 为前置的话筒接口，对应主板上的 MIC，HPOUT-L 为左声道输出，对应主板上的 HP-L 或 Line out-L，HPOUT-R 为右声道输出，对应主板上的 HP-R 或 Line out-R，分别按照对应的接口依次接入即可。

许多微机前面板安装有 USB 接口，后面板也安装有 USB 接口，为使用者提供了方便。

（6）连接外设

① 连接显示器。

视频图形阵列 VGA（Video Graphics Array）接口是最为普遍使用的一种接口。VGA 连接线有 15 根芯线，采用 D-SUB 接头。VGA 是 IBM 推出的一种视频传输标准，具有分辨率高、显示速率快、颜色丰富等优点，在彩色显示器领域得到了广泛的应用，VGA 接口如图 1-18 所示。

② 连接鼠标和键盘。

现在的鼠标和键盘接口都符合 PC99 的规范，各厂商会用颜色来区别接口，分别把绿色的鼠标 PS/2 接头接入主板上的绿色接口，紫色的键盘 PS/2 接头接入主板上的紫色接口。通过颜色区分，一般都不会插错，注意观察每个接口的方向，如图 1-19 所示。

图 1-18　VGA 接口

图 1-19　鼠标和键盘的 PS/2 接口

现在许多键盘或鼠标都采用了 USB 接口，连接起来更容易了，只需把键盘或鼠标的 USB 插头直接插入机箱中的某一个 USB 插口即可。

## 三、实验内容及步骤

### 1. 主机前面板的认识与操作

主机分为立式主机与卧式主机两种，但在前面板上都有电源开关、电源指示灯及硬盘驱动器等。

（1）主机电源开关按钮。当按下该按钮时，主机接通电源并开始运行。

（2）电源指示灯。接通电源后该指示灯亮。

（3）复位按钮。当计算机在运行过程中由于某种原因造成死机后，可以通过按下该按钮使计算机在不断开电源的情况下重新启动。

（4）硬盘指示灯。当硬盘正在被读写访问时，该指示灯闪烁发亮。

（5）光盘驱动器。主机前面板有一个 5 英寸光盘驱动器，在其正面有一个小按钮，当按下该按钮后，光驱的托架被弹出，可以将 5 英寸光盘放在托架上，然后按下按钮，光盘被送入光驱内部。

### 2. 显示器控制面板的认识与操作

显示器按其工作原理可分为许多类型，比较常见的是液晶显示器（LCD）。显示器上一般都有电源开关、亮度调节按钮、色度调节按钮及对比度调节按钮。

### 3. 主机后面板的认识

（1）PS/2 键盘接口，一般为圆形蓝色 7 孔接口。

（2）PS/2 鼠标接口，一般为圆形绿色 7 孔接口。

（3）USB 装置连接接口，为长方形 4 芯接口。

（4）RS-232C 串行通信接口，一般为 9 针插座。

（5）RJ-45 网络接口，为标准 8 芯接口。

（6）打印机接口（也称并行接口），为 25 孔的插座，一般用于连接打印机。

（7）音频输出接口，用于连接喇叭（音箱）或耳机。

（8）显示器接口，一般为 15 孔的插座。

### 4. 计算机的打开与关闭

安装 Windows 7 和 Windows XP 等操作系统的计算机，其打开与关闭方法类似。

（1）一般开机过程

首先按下显示器电源按钮，然后按下计算机主机的开关按钮，计算机会自动启动并进行开机自检，显示计算机主板、内存、显卡、显存等信息（注意：有些品牌计算机此处仅显示品牌商的 Logo）。成功自检后会进入启动界面，在其中显示计算机启动进度。如果设有密码，在文本框中输入登录密码，按 Enter 键确认，最后出现操作系统桌面的界面。

（2）正常关机

单击"开始"按钮，在"开始"菜单中选择"关闭"菜单命令即可。

（3）非正常关机

用户在使用计算机的过程中，可能会出现非正常情况，包括蓝屏、花屏和死机等现象。这时用户不能通过"开始"菜单关闭计算机，而是需要长按主机机箱上的电源按钮（笔记本电脑是长按开关键），直到计算机关机为止，此种操作为手动强制关机，属于非正常关机。

直接拔下主机的电源也是非正常关机的一种方式（笔记本电脑的操作是切断外部电源，再抠掉电池）。另外，突然停电，造成主机直接断电，这也属于非正常关机。非正常关机是极其不可取的，如无必要，千万不可频繁使用，因为计算机的部件在高速运转状态下突然停止运转，会造成损坏。

### 5. 用鼠标操控计算机

鼠标作为计算机的标准输入设备，用于确定光标在屏幕上的位置，在应用软件的支持下，可以快速、方便地完成大部分的操作功能，所以鼠标操作是最常用的计算机控制技术。当前有一些计算机使用了触摸屏技术，尤其是平板电脑，此时用手指的操作代替了鼠标，原理是一样的。

（1）认识鼠标

从外形上看，标准鼠标好像一只卧着的老鼠；从结构上讲，鼠标包括鼠标右键、鼠标左键、鼠标滚轮、鼠标线和鼠标接口这几个部分。

鼠标按插头可分为 USB 接口鼠标、PS/2 接口鼠标及无线鼠标。图 1-20 所示为 USB 接口鼠标，图 1-21 所示为 PS/2 接口鼠标，图 1-22 所示为无线鼠标。

图 1-20　USB 接口鼠标　　　　　　　　　图 1-21　PS/2 接口鼠标

（2）鼠标的"握"法

正确的鼠标握法是手腕自然放在桌面上，用右手大拇指和无名指轻轻夹住鼠标的两侧，食指和中指分别对准鼠标的左键和右键，手掌心不要紧贴在鼠标上，这样有利于鼠标的移动操作，如图 1-23 所示。

图 1-22　无线鼠标　　　　　　　　　图 1-23　正确的鼠标握法

### 6. 键盘的使用

键盘是计算机系统中最基本的输入设备，用户的各种命令、程序和数据都可以通过键盘输入计算机中。尽管现在鼠标已经代替了键盘的一部分工作，但是像文字和数据输入这样的工作还是要靠键盘来完成。按其工作原理划分，键盘主要分为机械式键盘和电容式键盘两类，现在的键盘大多属于电容式键盘。键盘如果按其外形划分，又有普通标准键盘和人体工学键盘两类。

（1）键盘的布局

整个键盘可以分为 5 个区域，如图 1-24 所示。

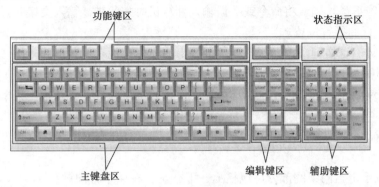

图 1-24　键盘分区

① 功能键区。

功能键区位于键盘的上方，由 Esc 键、F1～F12 键及其他几个功能键组成，这些键在不同的环境中有不同的作用。功能键区如图 1-25 所示。

图 1-25　功能键区

功能键区各个键的作用如下。

Esc 键：也称为强行退出键，用来撤销某项操作、退出当前环境或返回到原菜单。

F1～F12 键：用户可以根据自己的需要来定义它们的功能，不同的程序可以对它们有不同的操作功能定义。

PrtScn/SysRq 键：在 Windows 环境下，按 PrtScn/SysRq 键可以将当前屏幕上的内容复制到剪贴板中，按 Alt+PrtScn/SysRq 组合键可以将当前屏幕上活动窗口中的内容复制到剪贴板，这样剪贴板中的内容就可以粘贴（按 Ctrl+V 组合键）到其他的应用程序中。另外，按 Shift+PrtScn/SysRq 组合键，还可以将屏幕上的内容打印出来。按 Ctrl+PrtScn/SysRq 组合键的作用是同时打印屏幕上的内容及键盘输入的内容。

Scroll Lock 键：用来锁定屏幕，按下此键后屏幕停止滚动，再次按下该键则解除锁定。

Pause/Break 键：暂停键。用户直接按该键时，暂停正在进行的操作；若用户在按 Ctrl 键的同时按下此键，则强行中止当前程序的运行。

② 主键盘区。

主键盘区域位于键盘的左下部，是键盘最大的区域。主键盘区域既是键盘的主体部分，也是我们经常操作的部分，除了包含数字和字母之外，还有下列辅助按键。

Tab 键：制表定位键。通常情况下，按此键可使光标向右移动 8 个字符的位置。

Caps Lock 键：用来锁定字母的输入为大写状态。

Shift 键：换挡键。在字符键区域，很多键位上有两个字符，按 Shift 键的同时按下这些键，可以在两个字符间进行切换。

Ctrl 键：控制键。与其他键同时使用，用来实现应用程序中定义的功能。

Alt 键：转换键。与其他键同时使用，组合成各种组合控制键。

空格键：键盘上最长的一个键，用来输入一个空格，并使光标向右移动一个字符的位置。

Enter 键：回车键。确认将命令或数据输入计算机时按此键。输入文字时，按回车键可以将光标移到下一行的行首位置。

Backspace 键：退格键。按一次该键，屏幕上的光标在现有位置退回一格（一格为一个字符的位置），并抹去退回的那一格内容（一个字符），删除刚输入的字符。

：Windows 图标键。在 Windows 环境下，按此键可以打开"开始"菜单，以选择所需要的菜单命令。

：Application 键。在 Windows 环境下，按此键可打开当前所选对象的快捷菜单。

③ 编辑键区。

编辑键区位于键盘的中间部分，包括上、下、左、右 4 个方向键和 6 个控制键，如图 1-26 所示。

Insert 键：用来切换插入与改写的输入状态。

Delete 键：删除键。用来删除当前光标处的字符。

Home 键：用来将光标移动到屏幕的左上角。

End 键：用来将光标移动到当前行最后一个字符的右边。

Page Up 键：按此键将光标翻到上一页。

图 1-26　编辑键区

Page Down 键：按此键将光标翻到下一页。

↑、↓、←、→：光标移动键。用来将光标向上、下、左、右分别移动一个字符的位置。

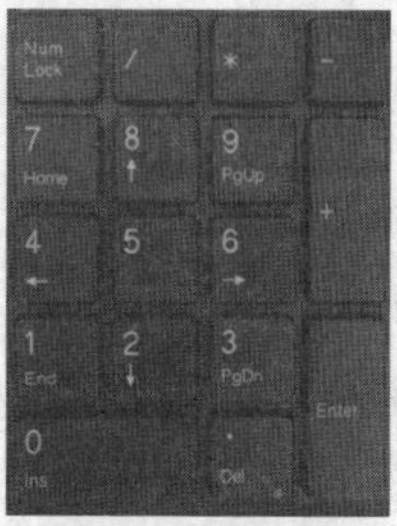

④ 辅助键区。

辅助键区位于键盘的右下部，集中了输入数据时的快捷键和一些常用功能键，其中的按键功能可以用其他区中的按键代替，如图 1-27 所示。

⑤ 状态指示区。

键盘上除了按键以外，还有 3 个指示灯。它们位于键盘的右上角，从左到右依次为 Num Lock 指示灯、Caps Lock 指示灯、Scroll Lock 指示灯。它们与键盘上的 Num Lock 键、Caps Lock 键及 Scroll Lock 键对应。

图 1-27　辅助键区

（2）打字的指法与击键

准备打字时，左右两手的拇指应放在空格键上，其余的 8 个手指分别放在基本键上，这样使十指分工明确，"包键到指"，更有利于打字，如图 1-28 所示。

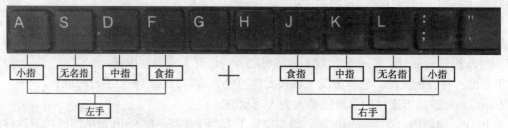

图 1-28　手指放置位置

每个手指除了指定的基本键外，还负责一些其他键，称为它的范围键。开始输入时，左手小指、无名指、中指和食指应分别虚放在 A、S、D、F 键上，右手的食指、中指、无名指和小指分别虚放在 J、K、L、；键上，两个大拇指则虚放在空格键上。基本键是输入时手指所处的基准位置，击打其他任何键，手指都从这里出发，击键之后须立即返回到基本键位，如图 1-29 所示。

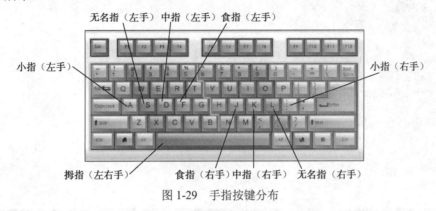

图 1-29　手指按键分布

键盘的打字键区域上方及右边有一些特殊的按键，在它们的标示中都有两个符号，位于上方的符号是无法直接输入的，它们就是上挡键。只有同时按住 Shift 键与所需的符号键，才能输入这个符号。例如，打一个感叹号（!）的指法是右手小指按住右边的 Shift 键，左手小指敲击"!"键。

**7. 主要按键的使用方法**

初次上机，首先打开主机电源，等待进入 Windows 操作系统后，可以进入"写字板"或 Microsoft Word 文档编辑与排版系统练习打字输入。这里选用"写字板"练习打字输入。打开 Windows 界面中的"开始"菜单，依次进入"所有程序（P）"→"附件"→"写字板"，显示屏显示出"写字板"窗口，如图 1-30 所示。在此窗口中，连续输入 A、S、D、F 四个字母，两次空格键，J、K、L 三个字母及冒号。

借助计算机"写字板"窗口，通过输入字符和数字，就可以练习打字的姿态、打字要领及基本方法。

（1）基准键的使用

基准键是指 A、S、D、F、J、K、L、；这 8 个键，平常左手小指、无名指、中指及食指分别虚放在的 A 键键位、S 键键位、D 键键位、F 键键位上，而右手小指、无名指、中指及食指分别虚放在；键键位、L 键键位、K 键键位、J 键键位上，等待输入字符。由于每个手指要管理 4 排字符，为了提高盲打的速度，在击键后手指应该快速回到基准键的位置。

练习要求：反复输入 26 个英文字母。

注意，每输入一行字符后，按回车键换行，使光标下移一行，继续输入；每输入一行后，也可以按 Backspace 键或←键（即退格键），消除输入的字符；按大小写切换键（Caps Lock 键），分别输入大、小写英文字母。

（2）空格键的击法

当左手输入字符时，要输入空格应该如何操作呢？用左手的大拇指敲击条形的空格键即可。当右手输入字符时，要输入空格则由右手的大拇指敲击条形的空格键。

图 1-30　Windows 7"写字板"窗口

练习要求：每输入 4 个英文字母后就输入一个空格。

（3）Shift 键的击法

Shift 键也称为换挡键，用于选择双功能键的上下两种功能。在英文字母键的上面有一排双功能键。例如，键盘的左上角是"1"和"！"共用的一个键，单击该键输入数字 1，如果先按下 Shift 键不动并用另一手指敲击该键，则输入标点符号"！"。

由于键盘左右分别有一个 Shift 键，要使用双功能键的上挡键功能时，一般有两种操作方式。第一，用右手的小指先按下键盘右边的 Shift 键，然后用左手相应的手指去敲击双功能键后，右手的小指才离开 Shift 键；第二，用左手的小指先按下键盘左边的 Shift 键，然后用右手相应的手指去敲击双功能键后，左手的小指才离开 Shift 键。

练习要求：分别对所有双功能键实现上挡键的操作。

（4）数字键的击法

由于在键盘的主键盘区和辅助键盘区都有数字键，辅助键盘区的数字键一般适合于专门输入数据的操作，因此数字键的击法一般可以分以下几种情况（仅供参考）。

第一，主键盘区与 26 个英文字母相邻，把 A、S、D、F、J、K、L、; 这 8 个键作为基准键，如前所述，主键盘区数字键的击法与 26 个英文字母的击法一致。第二，采用基准式击键方式使用主键盘区数字键，把主键盘区的数字 1、2、3、4 及 7、8、9、0 作为基准键，取代 A、S、D、F、J、K、L、; 这 8 个键，每击一个键后，手指缩回到基准数字键的位置，这种方式适合输入大量数字的情况。第三，辅助键盘区数字键的使用，也特别适合专门输入数字的工作需要，根据个人习惯使用，可以只用右手操作。

（5）其他字符键的击法

功能键 F1、F2、F3、…、F12 共计 12 个，还有双功能键的下挡键，如-、=、【、】、;、、，等。也可以分配给相应的手指负责按这些键。

## 四、实验总结

1. 总结前面板的使用方法。
2. 总结后面板的连接法。
3. 归纳键盘键位的分区及使用。
4. 总结计算机硬件系统的组成。

# 第2章

# 微型计算机基本操作的拓展

## 实验  基本操作的拓展

### 一、实验目的

1．进一步熟悉计算机各部件，并进行连接。
2．练习鼠标与键盘的配合使用。

### 二、实验内容及步骤

**1．技能拓展一：选择品牌计算机还是兼容计算机**

在购买计算机之前，用户应该先确定购买品牌计算机还是兼容计算机，再考虑计算机的具体配置。

（1）品牌计算机

品牌计算机是指由具有一定规模和技术实力的正规生产厂家生产，并具有明确品牌标识的计算机，如 Lenovo（联想）、Haier（海尔）、Dell（戴尔）等。品牌计算机是由公司组装起来且经过兼容性测试并正式对外出售的整套的计算机，它有质量保证及完善的售后服务。一般选购品牌计算机，不需要考虑配件的搭配问题，也不需要考虑兼容性问题。

（2）兼容计算机

兼容计算机简单来讲就是 DIY 的机器，也就是非厂家原装的，是完全根据用户的要求进行配置的计算机，其中的部件可以是同一厂家出品的，但更多情况下是整合各家之长。兼容计算机在进货、组装、质检、销售和保修等方面的随意性很大。

与品牌计算机相比，兼容计算机有以下几点优势。

● 部件的组装搭配随意，可根据用户要求随意搭配。
● DIY 配件的市场淘汰速度比较快，品牌计算机很难跟上其更新速度。

● 价格优势，计算机散件市场环节少，利润也低，价格和品牌计算机有一定的差距，而品牌计算机流通环节多，利润相比之下要高，且其价格之中含有售后服务的费用，所以没有价格优势。

## 2. 技能拓展二：连接计算机各部件

认识了计算机的各个硬件组成部分，接下来就需要用户自己动手将这些硬件连接起来，形成完整的计算机系统。

实训指南：

（1）连接显示器。连接显示器的方法是将显示器的信号线（即 15 针的信号线）接在显示卡上。插好后还需要拧紧接头两侧的螺钉，显示器的电源一般都是单独连接电源插座的。

（2）连接鼠标和键盘。键盘接口在主板的后部，是一个紫色圆形接口。键盘插头上有向上的标记，连接时按照这个方向插好即可。

（3）连接音箱。找到音箱的音源线接头，将其连接到主机声卡的插口中即可连接音源。根据 PC/99 规范，第 1 个输出口为绿色，第 2 个输出口为黑色，MIC 口为红色。

（4）连接网线。将 RJ-45 网线一端的水晶头按指示的方向插入网卡接口中，如图 2-1 所示。

（5）连接主机电源。主机电源线的接法很简单，只需要将电源线接头插入电源接口即可。

图 2-1　连接网线

## 3. 技能拓展三：左手使用鼠标的设置

如果用户习惯用左手操作鼠标，就需要对系统进行简单的设置，以满足用户个性化的需求。设置的具体操作步骤如下。

（1）单击"开始"按钮，在弹出的菜单中选择"控制面板"菜单命令。

（2）打开"控制面板"窗口，并进入"所有控制面板项"窗口，如图 2-2 所示。

（3）选择"鼠标"选项，双击"鼠标"图标，打开"鼠标 属性"对话框，如图 2-3 所示，选择"鼠标键"选项卡。选择"切换主要和次要的按钮"复选框，单击"应用"按钮即可完成设置，再单击"确定"按钮关闭"鼠标 属性"对话框。

图 2-2　"所有控制面板项"窗口

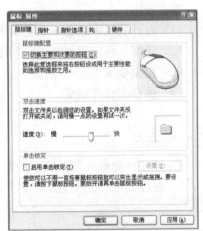

图 2-3　"鼠标 属性"对话框

#### 4．技能拓展四：鼠标与键盘的完美配合

配合使用键盘和鼠标有利于提高工作和学习效率。虽然有时鼠标和键盘也能单独完成同样的功能，但是如果单纯使用鼠标或键盘，不利于提高工作效率。鼠标经常应用于选择对象、右键单击打开快捷菜单等操作，键盘需要在鼠标操作的同时进行配合操作。可以记住以下常用的组合键及其操作含义。

Ctrl＋A：选中全部内容。

Ctrl＋C：复制。

Ctrl＋X：剪切。

Ctrl＋V：粘贴。

Ctrl＋Z：撤销。

Delete：删除。

Shift＋Delete：永久删除所选对象，而不将它放到"回收站"中。

Ctrl＋Shift＋方向键：突出显示一块文本。

Shift＋任何箭头键：在窗口或桌面上选择多个对象，或者选中文档中的文本。

Alt＋Enter：查看所选对象的属性。

Alt＋Tab：在打开的对象之间切换。

F2：重新命名所选对象。

F3：搜索文件或文件夹。

Alt＋F4：关闭当前对象或退出当前程序。

F5：刷新当前窗口。

Esc：取消当前任务。

拖动某一对象时按 Ctrl 键复制所选对象。

单击某一对象后，按 Shift 键不放，再单击其他对象，可以选择多个对象。

#### 5．上机实训：在记事本中书写实训感受

有一定的打字基础后，利用半个课时的时间，在记事本中写出自己对实训的感受并提高打字技能。书写语言不限制，可以用英语书写，也可以用汉语书写，打字输入法不限，但要求语句通顺、可读，字数在 300 字左右。

实训指南：

（1）在计算机中新建一个记事本文件并命名为"实训感受"。

（2）选择一种使用熟练的输入法和语言。

（3）根据要求进行书写。

（4）保存文件并提交。

### 三、思考题

1．连接计算机各部件应该注意哪些问题？

2．鼠标与键盘的完美配合主要有哪些？

# 第3章

# Windows 7 操作系统的使用

实验　Windows 7 的使用

## 一、实验目的

1. 了解窗口的基本概念。
2. 掌握鼠标的使用方式。
3. 了解 Windows 7 资源管理器的界面。
4. 掌握 Windows 7 资源管理器的使用方法。

## 二、实验内容及步骤

### 1. 鼠标的基本操作

鼠标是所有 Windows 系统最重要的操作方式之一。一般来说，鼠标有左、右两个按钮和一个滚轮，滚轮也具有按钮功能，通常只在浏览文件时使用。在控制面板的鼠标选项中可以交换左、右按钮的功能。用户控制鼠标在平面上移动时计算机屏幕上会有一个图标随着使用者拖动鼠标的方向和快慢在屏幕上移动，这个图标也称为光标，光标完全受鼠标的控制。

鼠标指向：在不按下任何鼠标键的情况下移动鼠标，使光标位于备选对象所在的区域，备选对象的图标和名称所在位置都属于这个区域，因而不需要用户的动作非常精细。当准备对某个对象进行操作时，要首先让光标指向这个对象。

鼠标单击：在当前指向的对象上按下鼠标左键，并立即释放。需要注意的是：在没有特别注明的情况下，"单击"通常都是指鼠标左键的单击，通常情况下单击对象可以执行一个命令或选择一个对象。单击一个文件或文件夹后这个文件或文件夹的背景颜色会发生变化，用这种醒目的方式表示选中。选中后即使光标移开对象所在区域，该选中状态也不会消失，只是底色会变为浅色，当窗口重新激活时，又会转为深色。

鼠标双击：用光标指向一个对象，快速地两次单击鼠标左键。也就是两次单击的时间间隔不能太长，大概在半秒内。间隔过长会被认为是两次单击操作，而不是双击。

鼠标拖曳：用光标选中一组对象（单个或多个文件或文件夹），光标移动到选中区域，在按住鼠标左键的同时移动鼠标，此时光标图标的箭头上会出现一个方框，它可以把一组对象从一个地方移到另一个地方，当对象移到目的位置时，释放鼠标左键，这个过程叫拖曳。

右键单击：在对象或窗口中按一次鼠标右键后立即释放。单击鼠标右键后，通常会出现一个快捷菜单，根据对象的不同，快捷菜单内会出现不同的常用命令，这种操作是执行命令的一种便捷方式。

滚轮滚动：在内容比较多的窗口中，整个屏幕都不能显示全所有的内容，这时窗口的底部或右侧会出现滚动条，右侧的叫垂直滚动条，底部的叫水平滚动条。向下拨动鼠标滚轮，界面内容会向后翻动，反之向前翻动。界面内容翻动的速度与滚轮的拨动快慢相关，拨得快，翻得也快，反之亦然。

### 2. 窗口的基本操作

当用户打开一个文件或应用程序时，会出现一个窗口，使用 Windows 系统的过程实际上就是使用各种窗口的过程。

（1）窗口的组成

在 Windows 7 中有许多种窗口，其中绝大部分窗口都包括相同的组成部分，几乎所有的窗口都有标题栏、工作区域和边框，还有些窗口具备菜单栏、工具栏、任务栏等。

标题栏：位于窗口的最上部，最左侧为控制菜单按钮，接着是窗体名称，右侧是最小化按钮、最大化（还原）按钮和关闭按钮。

工作区域：在窗口中所占的比例最大，显示了应用程序界面或文件中的全部内容，不同的应用程序有不同的工作区域。

滚动条：当前工作区域的内容太多而不能全部显示时，窗口将自动出现滚动条，用户可以通过拖动水平或垂直滚动条来查看内容。滚动条的区域内有个滑块，鼠标滚轮滚动时，窗口中的内容发生变化，同时滑块的位置也会随之变动。如果要快速浏览内容，可以用鼠标拖动滑块；单击滚动条中滑块前面或后面的空白区域也能进行快速翻动，如果翻动的距离比较长，可以长按鼠标左键，滑块会快速移动，最终停留在光标所在位置。当窗口中的内容非常多时，滚动条中的滑块会变得非常窄，前面几种操作方式的速度太快，很难精确定位到所需要的位置，这时可以单击滚动条两端的方向按钮，单击一次只会移动一小段距离，如果希望速度稍快一点，可以长按方向按钮。

边框：窗口的周边都有 4 个边框和 4 个边角，将鼠标移动到相应的位置，鼠标指针会变成双箭头，按住鼠标左键并在相应方向上拖动可以调整窗口的大小。

（2）窗口的操作

① 移动窗口。

当窗口不是最大或最小化状态时，将光标指向窗口的"标题栏"，按下鼠标左键，拖动鼠标，此时屏幕上会出现一个虚线框，将虚线框拖动到所需要放置的位置，释放鼠标左键，窗口就被移动到该位置。

② 改变窗口的大小。

将鼠标指针移到窗口的边框或拐角上时，鼠标指针自动变成双向箭头，这时按下左键并拖动，就可以改变窗口的大小了。垂直调整时只能上下移动，改变的是窗口的高度；水平调整时只能左右移动，改变的是窗口的宽度；沿对角线移动时各个方向都可以移动，能同时改变窗口的宽度和高度，如图3-1所示。当然，也有一些窗口的大小是不可改变的，如QQ登录界面。

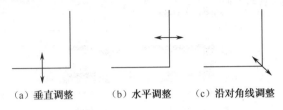

（a）垂直调整　　　（b）水平调整　　　（c）沿对角线调整

图3-1　调整窗口大小

③ 窗口最大化、最小化、还原和关闭。

在窗口的右上角有最小化、最大化（或还原）和关闭3个按钮。例如，    依次是最小化按钮、最大化按钮和关闭按钮。

最小化按钮：单击最小化按钮，窗口在桌面上消失，同时窗口图标将在"任务栏"上形成一个未被按下的图标的状态，但是程序并没有停止运行，如要恢复原来的窗口，用鼠标单击任务栏上的图标即可把窗口还原到原来的状态。

最大化按钮：单击最大化按钮，窗口扩大到整个桌面，此时最大化按钮变成还原按钮，而且这时拖动标题栏窗口不会移动。此外，双击标题栏也能实现窗口的最大化。

还原按钮：当窗口处于最大化状态时才显示此按钮，单击它可以使窗口恢复原来的大小和位置。此外，窗口处于最大化时，双击标题栏也能实现窗口的还原。

关闭按钮：单击关闭按钮，窗口在屏幕上消失，并且图标也从任务栏上消失，程序被关闭。

### 3. 打开资源管理器

资源管理器可以按分层的方式显示计算机内所有文件的详细图表。使用资源管理器可以更方便地实现浏览、查看、移动和复制文件或文件夹等操作，用户不必打开多个窗口，只在一个窗口中就可以浏览所有的磁盘和文件夹。资源管理器是管理计算机资源的重要工具。

Windows 7中打开资源管理器的方法主要有以下几种。

（1）使用"　■+E"组合键进入资源管理器。

（2）使用鼠标右键单击"开始"图标，在打开的快捷菜单中执行"资源管理器"菜单命令。

（3）双击桌面上的"计算机"快捷方式。

（4）执行"开始"→"所有程序"→"附件"→"资源管理器"菜单命令。

建议使用前面两种方式，这两种方式都比较便捷，而且不会影响桌面正在执行的操作。打开后的"资源管理器"窗口如图3-2所示。

### 4. 资源管理器的的左、右窗格

在如图3-2所示的"资源管理器"窗口中可以看出，资源管理器被分为左、右2个部分。左侧的窗口称为"左窗格"，以树状结构显示计算机中的各种资源；右侧的窗口称为"右窗格"，用于显示被选中资源的的具体内容。

从图3-2所示的界面可以看到，资源管理器中显示了"收藏夹"、"库"、"计算机"和"网络"这4类资源。

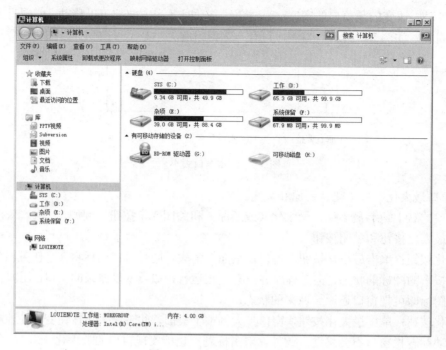

图 3-2　"资源管理器"窗口

"收藏夹"中有"下载"、"桌面"、"最近访问的位置"这 3 个子栏目。"下载"文件夹是系统下载文件时的默认存储地址；"桌面"文件夹中是系统桌面上的所有内容；"最近访问的位置"文件会记录下之前访问过的文件夹。

"库"是计算机中"视频"、"图片"、"文档"、"音乐"等文档的默认存储地址。通常文档不建议存储在系统盘中。

"计算机"中包含的是系统中的所有逻辑磁盘，包括硬盘分区、U 盘、移动硬盘、光驱等。根据加载的先后次序会自动依次用字母表中的 C 到 Z 这些符号表示。

"网络"中包含计算机当前所在局域网中所有其他计算机。如果其他计算机共享了资源，可以从这里去访问。

这 4 类资源里，日常中使用得最频繁的是"计算机"。

在"计算机"节点中，拥有子文件夹的资源或文件夹的左侧有 ⊞ 或 ⊟ 状态标志，⊞ 和 ⊟ 的显示状态可以相互转换。⊞ 表示资源节点处于折叠状态，树状菜单中不直接显示其子文件夹，用鼠标单击 ⊞ 即可将节点展开，显示其子文件夹，状态变为 ⊟；⊟ 表示资源节点处于展开状态，树状菜单中显示出该节点拥有的所有子文件夹；用鼠标单击 ⊟ 即可将展开的节点折叠起来，节点中的子文件夹全部隐藏，状态变为 ⊞。

资源管理器的右窗格是一个浏览窗口，该窗口中显示当前被选中文件夹的详细内容，其中包括子文件夹和所有文件。

左窗格中的树状结构只需要单击即可打开，并且可以同时查看不同位置的多个文件夹内的文件结构，而在右窗格中需要双击才能打开文件夹，而且只能看到当前文件夹内的内容。因此，通常在左窗格的树状结构中通过鼠标单击浏览文件夹，选中后再在右窗格中操作该文件夹中的详细内容。

下面以将文件夹"D:\计算机基础\原文件夹"复制到文件夹"E:\计算机基础\复制文档"中

为例来说明资源管理器的应用。

（1）分别在 D 盘和 E 盘分别新建文件夹"D:\计算机基础\原文件夹"和"E:\计算机基础\复制文档"，并在文件夹"D:\计算机基础\原文件夹"中放置若干文件。

（2）依次单击左窗格中 D 盘根目录左侧的⊞和"计算机基础"文件夹，右窗格内容变为该路径下的具体内容，如图 3-3 所示。可以看到，该路径下包含有一个名为"原文件夹"的文件夹，这就是需要复制的文件夹。

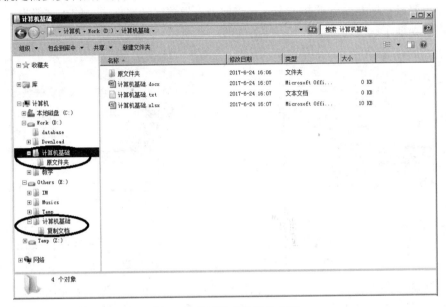

图 3-3　显示选定目标的内容

（3）在左窗格中展开 E 盘根目录，再展开名为"计算机基础"的文件夹，可以看到其中有一个"复制文档"文件夹，这是复制的目的地址。操作左窗格中的⊞展开文件夹，右窗格中的内容不会发生变化，依然保持为上一次选中的文件夹。

（4）在右窗格中选中文件夹"原文件夹"并拖动到左窗格中"复制文档"文件夹位置，松开鼠标，即完成复制操作。

从以上操作中可以看到，使用左窗格来定位、转移文件或文件夹非常高效、方便，尤其是在文档路径比较深的情况下，不需要在文件中进行来回的切换。使用资源管理器可以显著提高操作效率。

**5. 资源管理器界面设置**

资源管理器窗口由左、右窗格组成，左窗格并不是固定不变的，可以通过鼠标拖动分隔条来调整其宽度，以方便浏览目录结构较深的文件夹。

将光标移到左、右窗格的分隔线附近移动，当光标由 ⌖ 变为 ⟷ 时，按住鼠标左键不放，左右移动鼠标就可以看到左、右窗格的宽度随着鼠标的移动发生了变化，当松开鼠标左键时，窗口的宽度就固定在拖动到的位置。

**6. 与浏览有关的设置**

在默认情况下，Windows 7 系统不显示具有隐藏属性和系统属性的文件或文件夹（如系统启动配置文件、虚拟内存文件等）。并且，对于那些在系统中已经注册的文件类型，在显示文件名时不显示其扩展名（如 Word 文档、Excel 文档、文本文档等）。通过设定"文件夹选项"可以更改这些默认设置，便于更好地维护磁盘、管理磁盘文件，具体设置如下。

（1）打开"资源管理器"窗口，单击"组织"菜单，执行"文件夹和搜索选项"命令，打开"文件夹选项"对话框。

（2）单击"查看"选项卡，拖动滚动条找到"隐藏受保护的操作系统文件（推荐）"、"隐藏已知文件类型的扩展名"，这两个选项默认为选中状态；"隐藏文件和文件夹"选项默认为"不显示隐藏的文件、文件夹或驱动器"，如图 3-4 所示。

（3）如果要显示所有文件的扩展名，只需取消"隐藏已知文件类型的扩展名"的勾选，这样便于用户直观地了解文件的真实扩展名，如图 3-5 所示。

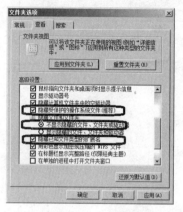

图 3-4　在"文件夹选项"对话框中查看配置　　　图 3-5　在"文件夹选项"对话框中修改配置

（4）如果要显示磁盘中的隐藏文件，只需将"隐藏文件和文件夹"选项中的单选按钮改为"显示隐藏的文件、文件夹和驱动器"，在浏览时能够看到磁盘中被隐藏的文件夹（不包含系统文件）。修改后所有隐藏属性的文件或文件夹的图标在资源管理器中都以较浅的颜色显示，以区别于常规文件或文件夹，如图 3-6 所示。

（5）一些系统文件即使在开启"显示隐藏的文件、文件夹和驱动器"功能后依然不可见，可以取消"隐藏受保护的操作系统文件（推荐）"选项上的勾选。取消后，被隐藏的系统文件变为可见，如 C 盘根目录下的启动文件（boot.ini）、虚拟内存文件（pagefile.sys）、输入\输出文件（IO.sys）等。因为系统文件存放的信息与操作系统密切相关，为了防止误操作而造成系统崩溃，建议不显示系统文件。

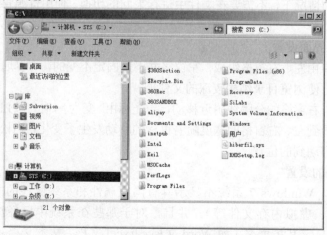

图 3-6　显示隐藏的系统文件和文件夹的效果

## 7. 文件或文件夹显示方式的设置

为了能够方便地浏览文件或文件夹，可以设置文件和文件夹的显示方式。

在窗口中浏览文件或文件夹时，有8种显示方式，即超大图标、大图标、中等图标、小图标、列表、详细信息、平铺和内容。这8种方式所显示的文件或文件夹是完全相同的，只是在右窗格中的显示方式不同。要改变显示方式，经常使用以下3种方法。

（1）单击资源管理器中的"查看"菜单命令，在打开的下拉菜单中选择需要的显示方式，如图3-7所示。

（2）单击"菜单栏"右侧的"更改视图"按钮，在打开的菜单中选择需要的查看方式，如图3-8所示。

图3-7　菜单栏中选择显示方式

图3-8　"更改视图"按钮

（3）在窗口的空白处单击鼠标右键，在打开的快捷菜单中执行"查看"命令，打开其子菜单，从中选择所需要的显示方式，如图3-9所示。Windows 7操作系统中默认文件和文件夹的显示方式为"大图标"。

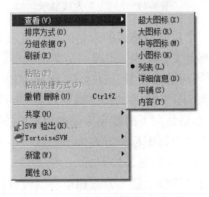

图3-9　右键菜单选择显示方式

在8种查看方式中，"超大图标"方式下的图标尺寸最大、最清晰，但最多只能完整显示几个文档部件，查看文档时需要频繁操作滚动条，"大图标"、"中等图标"、"小图标"方式下文档部件的显示尺寸依次变小，清晰度依次降低，但能在一个页面中浏览到更多的文档。图3-10所示为在"超大图标"和"小图标"方式下显示同一文件夹内容的对比。

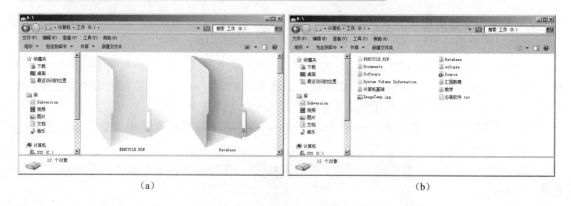

图 3-10　"超大图标"和"小图标"方式显示同一文件夹内容的对比

"列表"方式和"小图标"方式下显示的文档部件的内容和尺寸都相同，只是文档的排列顺序不同。所有的"图标"方式的显示都依照先从左往右再换行从上往下的次序；"列表"方式依照先从上往下再换列从左往右的次序，如图 3-11 所示。

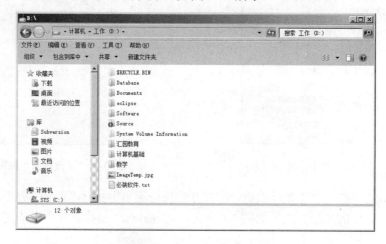

图 3-11　"列表"方式显示

"详细信息"方式就是以一个没有网格线的表格的形式显示文档，第一列是文档图标和名称，第二列是修改日期，第三列是文档类型，第四列是文档大小。当用鼠标单击某个列标题时，当前文件夹下的所有文档按照列标题的类型重新排序。这种方式多用于在大量文件中根据属性筛选所需文件，如图 3-12 所示。图 3-12 中的排序规则为名称的升序，可以看到标题上名称的右侧有一个向上的箭头标记，如果是向下的箭头标记则为降序排列。

"平铺"方式显示的文件与"中等图标"方式大小一致，不同之处在于"平铺"方式中文件名的下方增加了文件类型和大小，如图 3-13 所示。

"内容"方式显示的文件与"详细信息"方式相似，但没有标题栏，不能直接排序，如图 3-14 所示。

### 8．文件或文件夹排列顺序的设置

可以使用以下步骤改变文件或文件夹的排列顺序。

（1）执行"查看"菜单中的"排列图标"命令，或用鼠标右键单击打开的快捷菜单，选择"排序方式"，在打开的子菜单中选择"名称"、"修改日期"、"大小"或"类型"命令，即可按相应方式对文件或文件夹进行排序，如图 3-15 所示。

图 3-12 "详细信息"方式显示文件

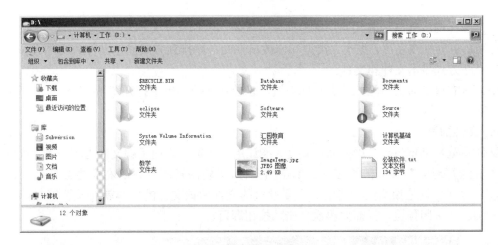

图 3-13 "平铺"方式显示文件

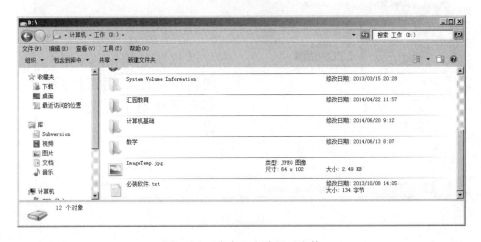

图 3-14 "内容"方式显示文件

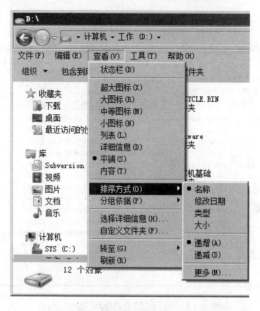

图 3-15  用菜单命令对文件排序

（2）在详细信息显示方式下，单击列表上方的"名称"、"大小"、"类型"或"修改日期"等列标题，可分别按名称、大小、类型和修改日期的升序排列方式显示文件和文件夹，再次单击则按降序方式显示文件和文件夹。

（3）在右窗口的空白区域单击鼠标右键，也能在快捷菜单中打开图 3-15 所示的"排序方式"选项。

### 9. 文件预览

文件预览是 Windows 7 中的新增功能，能让用户非常直观地了解文件内容。文件预览功能位于"资源管理器"菜单栏的右侧，单击□图标，"资源管理器"的右窗格被分为左、右两部分，右边部分就是预览区。选中一个要预览的文件后该文件的内容就在预览区显示，如图 3-16 所示。要关闭预览，只需要再次单击□按钮即可。

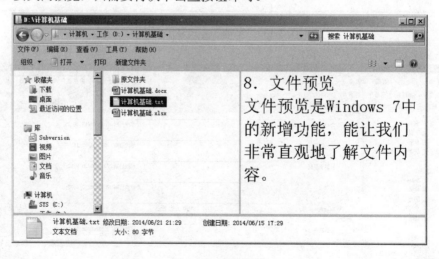

图 3-16  文件预览

## 三、思考题

1．显示文件或文件夹的方式有哪些？
2．如何设置文件或文件夹的排列顺序？

# 第4章

## Word 2010 文档编辑与排版

### 实验一 Word 2010 的基本操作

#### 一、实验目的

1. 掌握 Word 2010 的启动和退出。
2. 熟悉 Word 2010 的工作界面。
3. 掌握 Word 2010 文档的建立、保存、打开和关闭等基本操作。

#### 二、实验内容及步骤

**1. 启动和退出 Word 2010**

（1）可使用如下方法之一启动 Word 2010

方法一，单击计算机桌面左下角的"开始"图标，从弹出的菜单中选择"所有程序"选项，再从弹出的子菜单中选择 Microsoft Office 项，最后从弹出的菜单中选择 Microsoft Word 2010，如图 4-1 所示。

方法二，双击桌面上的 Word 2010 快捷方式图标 。

桌面快捷方式的创建方法如图 4-2 所示：右键单击 Microsoft Word 2010 按钮，在弹出的菜单中选择"发送到"，然后单击"桌面快捷方式"命令，即可在桌面上建立一个 Word 2010 快捷方式图标。

方法三，双击本机中的 Word 2010 文档。

（2）可使用如下方法之一退出 Word 2010

方法一，单击 Word 2010 窗口右上角的"关闭"按钮。

方法二，右键单击文档标题栏，从弹出的快捷菜单中单击"关闭"命令。

图 4-1 启动 Word 2010

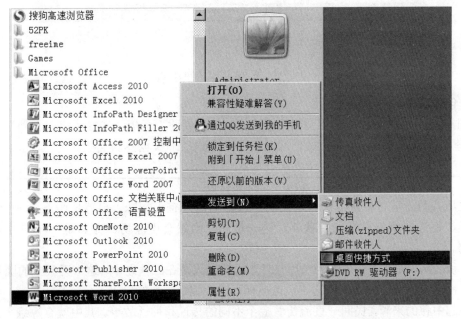

图 4-2 建立桌面快捷方式

图 4-3　询问是否保存文档的对话框

方法三，单击"文件"按钮，在弹出的下拉菜单中单击"关闭"命令。

方法四，按快捷键 Alt+F4。

方法五，双击 Word 2010 窗口左上角的控制图标 W。

说明：在关闭 Word 应用程序的执行过程中，通常会弹出如图 4-3 所示的对话框。

● 单击"保存"按钮：保存当前文档，并退出 Word 应用程序。

● 单击"不保存"按钮：不保存当前文档，但退出 Word 应用程序。

● 单击"取消"按钮：返回当前文档窗口，且不退出 Word 应用程序。

### 2．Word 2010 的工作界面

启动 Word 2010 后，其显示的工作界面如图 4-4 所示，包括快速访问工具栏、标题栏、"文件"按钮、功能选项卡和功能区、帮助按钮、编辑区、状态栏及滚动条等。

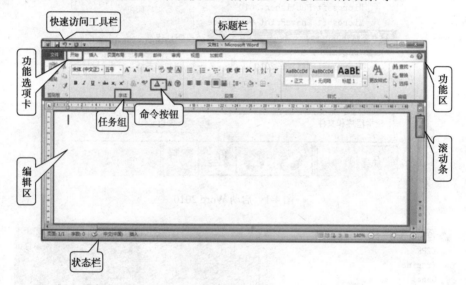

图 4-4　Word 2010 工作界面

### 3．创建新文档

单击"文件"按钮，选择"新建"命令，打开"新建"面板，选择"空白文档"，然后单击"创建"按钮即可创建新文档。也可以使用快捷键 Ctrl+N 创建新文档。

在打开的空白文档中输入以下文字。

月亮传说

农历八月十五，中秋节。这是人们一直都喻为最有人情味、最诗情画意的一个节日。有人说，每逢佳节倍思亲。中秋节，这一份思念当然会更深切，尤其是一轮明月高高挂的时刻。

中秋之所以是中秋，是因为农历八月十五这一天是在三秋之中。这一天天上的圆月分外明亮，特别大，特别圆，所以这一天也被视为撮合姻缘的大好日子。

说起中秋的来源，民间一直流传着多个不同的传说和神话故事。其中就有嫦娥奔月、朱元璋月饼起义、唐明皇游月宫等故事。

最为人熟悉的当然是嫦娥奔月，嫦娥偷了丈夫后羿的不死仙丹，飞奔到月宫的故事也有多个版本。在较早的记载中，嫦娥偷吃了仙药，变成了癞蛤蟆，被叫作月精。

奔月后，嫦娥住的月宫其实是一个寂寞的地方，除了一棵桂树和一只兔子，就别无他物。可是又有另一个说法是，在月宫里还有一个叫吴刚的人。

### 4．保存文档

单击快速访问工具栏中的"保存"按钮 ，或者单击"文件"按钮，在弹出的菜单中选择"保存"命令。在打开的"另存为"对话框中，设置保存位置、文件名及保存类型等，单击"保存"按钮即可。如图 4-5 所示，将上面创建的新文档以 Word 文档类型保存到本地磁盘（D:）中，文件名为"月亮传说"。

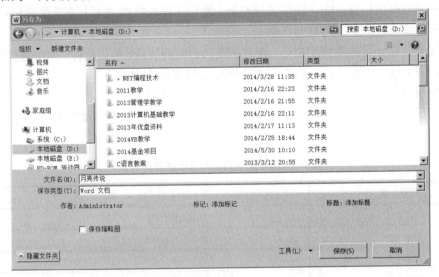

图 4-5　设置"另存为"对话框

### 5．打开文档

单击"文件"按钮，在弹出的下拉菜单中选择"打开"命令。在弹出的"打开"对话框中，设置文件的查找范围（D 盘），选择所需要的文件，然后单击"打开"按钮即可。

## 三、思考题

1．如何启动和退出 Word 2010？

2．总结创建新文档的几种方式。

3．如何保存已经创建的文档？

## 实验二　Word 2010 文档的编辑与排版

## 一、实验目的

1．掌握文本内容的选定和编辑方法。

2．掌握查找和替换功能的使用。

3．掌握字体、段落等格式的设置。

4．掌握图片的插入和编辑，实现图文混排。

5．掌握艺术字等其他对象的使用。

6．学会 Word 2010 的文档排版和页面设置等操作。

# 二、实验内容及步骤

## 1. 文本内容的选定

（1）使用鼠标选择

在要开始选择的位置单击，按住鼠标左键，然后在要选择的文本上拖动鼠标指针，到目标处释放鼠标，即可选择需要选取的任意长度的文本。

将鼠标光标移到行的左侧空白处，在光标变为右向箭头后，单击鼠标，即可选择整行文本；双击鼠标，即可选中当前段落；连击三次，即可选择整篇文本。

（2）使用键盘选择

使用键盘上相应的快捷键也可以选取文本。常用的选取文本内容操作的快捷键及其功能如表 4-1 所示。

表 4-1　选取文本内容的快捷键及其功能

| 快　捷　键 | 功　　能 |
| --- | --- |
| Shift+→ | 选取光标右侧的一个字符 |
| Shift+← | 选取光标左侧的一个字符 |
| Shift+↑ | 选取光标位置至上一行相同位置的文本 |
| Shift+↓ | 选取光标位置至下一行相同位置的文本 |
| Shift+Home | 选取光标位置至行首的文本 |
| Shift+End | 选取光标位置至行尾的文本 |
| Shift+PageDown | 选取光标位置至下一屏之间的文本 |
| Shift+PageUp | 选取光标位置至上一屏之间的文本 |
| Ctrl+Shift+Home | 选取光标位置至文档开始处的文本 |
| Ctrl+Shift+End | 选取光标位置至文档结尾处的文本 |
| Ctrl+A | 选取整篇文档 |

## 2. 复制、移动和删除文本

（1）复制文本

方法一，选择需要复制的文本，按 Ctrl+C 组合键，将光标定位到目标位置处，按 Ctrl+V 组合键即可实现复制和粘贴操作。

方法二，选择需要复制的文本，在"开始"选项卡的"剪贴板"选项区域中，单击"复制"按钮 🖿 ，在目标位置处单击"粘贴"按钮 🖿 。

方法三，选择需要复制的文本，按下鼠标右键并拖动至目标位置，释放鼠标后，在弹出的快捷菜单中选择"复制到此位置"命令。

方法四，选择需要复制的文本，单击鼠标右键，从弹出的快捷菜单中选择"复制"命令，在目标位置处再次单击鼠标右键，从弹出的快捷菜单中选择"粘贴选项"中的"保留原格式"命令 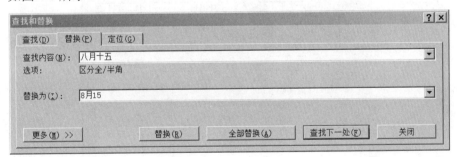。

（2）移动文本

移动文本就是使用剪贴板将文本从一个地方移动到另外的地方，与复制操作类似。

方法一，选择需要移动的文本，按 Ctrl+X 组合键，将光标定位到目标位置处，按 Ctrl+V 组合键，文本就移动到了指定位置。

方法二，选择需要移动的文本，在"开始"选项卡的"剪贴板"选项区域中单击"剪切"按钮 ，在目标位置处单击"粘贴"按钮。

方法三，选择需要移动的文本，按下鼠标右键并拖动至目标位置，释放鼠标后，在弹出的快捷菜单中选择"移动到此位置"命令。

方法四，选择需要移动的文本，单击鼠标右键，从弹出的快捷菜单中选择"剪切"命令，在目标位置处再次单击鼠标右键，从弹出的菜单中选择"粘贴选项"中的"保留原格式"命令。

（3）删除文本

方法一，按 Backspace 键删除光标左侧的文本。

方法二，按 Delete 键删除光标右侧的文本。

方法三，选择需要删除的文本，在"开始"选项卡的"剪贴板"选项区域中单击"剪切"按钮。

请对照以上方法在"月亮传说"文本中进行相应的练习。

### 3. 查找与替换

将"月亮传说"文档中出现的"八月十五"全部替换为"8 月 15"。

具体操作：单击"开始"选项卡，在"编辑"选项区域中单击 "替换"按钮，弹出"查找和替换"对话框，在"查找内容"文本框中输入"八月十五"，在"替换为"文本框中输入"8 月 15"，单击"全部替换"按钮（或多次单击"替换"和"查找下一处"按钮，直至替换完毕），如图 4-6 所示。

图 4-6　查找与替换文本

### 4. 设置字体格式

（1）将"月亮传说"文档的标题设置为：隶书、二号、加粗、居中、蓝色。

具体操作：在文档标题"月亮传说"左侧空白处单击，按住鼠标左键，然后在"月亮传说"上拖动鼠标指针，释放鼠标，即可选中文档标题。

单击"开始"选项卡，然后在"字体"选项区域中设置字体为隶书；字号为二号；单击"加粗"按钮；单击"字体颜色"按钮，在"标准色"选项中选择蓝色；在"段落"选项区域单击"居中"按钮，如图 4-7（a）所示。

效果如图4-7（b）所示。

（a）设置界面　　　　　　　　　　　　　　　　　（b）设置效果

图4-7　设置标题格式

（2）将"月亮传说"文档的正文设置为：楷体五号字。

具体操作：选定文本正文，在"字体"选项区域中设置字体为楷体，字号为五号。

### 5. 设置段落格式

将正文设置为：文本左对齐、首行缩进2.2个字符、行间距为固定值15磅、段间距为段后1行。

具体操作：选定文本正文，单击"开始"选项卡中的"段落"选项区域中的"下拉"按钮，弹出"段落"对话框。在"常规"栏中设置对齐方式为"左对齐"；在"缩进"栏中设置特殊格式为"首行缩进"，磅值为"2.2字符"；在"间距"栏中设置段后为"1行"，行距为"固定值"，设置值为"15磅"，然后单击"确定"按钮即可，如图4-8所示。

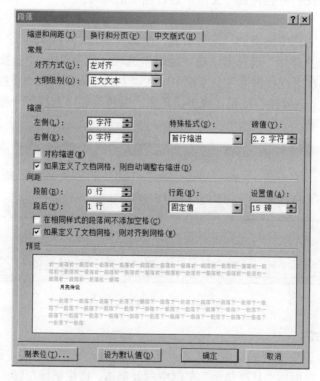

图4-8　设置段落格式

### 6. 设置正文分栏

将文本正文第二、三、四3个自然段设置为两栏、栏宽相等、两栏相距2个字符宽度、加分隔线。

具体操作：选定文本，单击"页面布局"选项卡中的"页面设置"组中的"分栏"按钮，在展开的下拉列表中选择"更多分栏"命令，打开"分栏"对话框，进行相应的设置，然后单击"确定"按钮即可，如图4-9所示。

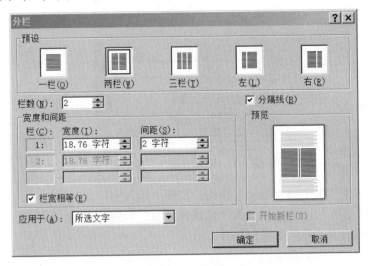

图4-9　设置分栏

分栏后的文本效果如图4-10所示。

## 月亮传说

农历八月十五，中秋节。这是人们一直都喻为最有人情味、最诗情画意的一个节日。有人说，每逢佳节倍思亲。中秋节，这一份思念当然会更深切，尤其是一轮明月高高挂的时刻。

中秋之所以是中秋，是因为农历8月15这一天是在三秋之中。这一天天上的圆月分外明亮，特别大，特别圆，所以这一天也被视为撮合姻缘的大好日子。

说起中秋的来源，民间一直流传着多个不同的传说和神话故事。其中就有嫦娥奔月、

朱元璋月饼起义、唐明皇游月宫等故事。

最为人熟悉的当然是嫦娥奔月，嫦娥偷了丈夫后羿的不死仙丹，飞奔到月宫的故事也有多个版本。在较早的记载中，嫦娥偷吃了仙药，变成了癞蛤蟆，被叫作月精。

奔月后，嫦娥住的月宫其实是一个寂寞的地方，除了一棵桂树和一只兔子，就别无他物。可是又有另一个说法是，在月宫里还有一个叫吴刚的人。

图4-10　分栏后的文本效果图

### 7. 设置首字下沉

通过鼠标单击将光标置于正文第二自然段段首，然后单击"插入"选项卡，在"文本"组中单击"首字下沉"，在下拉列表中单击"首字下沉选项"。在弹出的"首字下沉"对话框中将位置设置为"下沉"，将下沉行数设置为"3"，然后单击"确定"按钮即可，如图4-11所示。

### 8. 插入和编辑图片，实现图文混排

可以在文档中插入和编辑来自文件的图片，其具体步骤如下。

（1）将光标定位到需要插入图片的位置，单击"插入"选项卡。

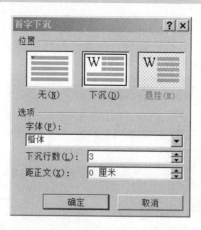

图 4-11  "首字下沉"对话框

（2）选择"插图"组中的"图片"按钮，打开"插入图片"对话框。

（3）选择需要插入的图片（以插入"嫦娥奔月图"为例），如图 4-12 所示，单击"插入"按钮，即可将选择的图片插入到指定位置。

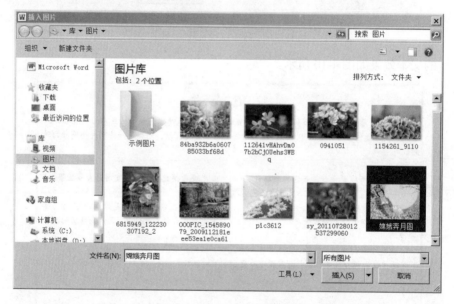

图 4-12  "插入图片"对话框

（4）图片工具的"格式"选项卡被激活，如图 4-13 所示。用户可以使用它来对图片或剪贴画的亮度、对比度、样式等进行编辑。

（5）在图片工具的"格式"选项卡中，单击"大小"组右下角的按钮，在弹出的"布局"对话框中选择"大小"选项卡，可以对图片的高度、宽度、旋转和缩放等进行设置，如图 4-14 所示。

（6）在"布局"对话框中，单击"文字环绕"选项卡，对环绕方式进行设定，本实验选择"紧密型"环绕方式，如图 4-15 所示。

图 4-13 图片工具的"格式"选项卡和功能区

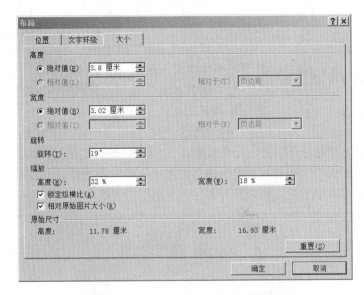

图 4-14 设置图片的高度、宽度和旋转等

图 4-15 设置"文字环绕"方式

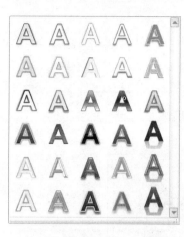

图 4-16　艺术字样式列表

（7）在图片工具的“格式”选项卡中，单击“图片样式”组中的“矩形投影”样式按钮。

（8）还可以使用“调整”组中的“亮度”、“对比度”等选项来修改图片属性。

**9. 插入艺术字**

可以在文本中插入艺术字，其具体步骤如下。

（1）将光标定位到需要插入艺术字的位置，单击“插入”选项卡。

（2）单击“文本”组中的“艺术字”按钮 艺术字，打开艺术字样式列表，如图 4-16 所示。

（3）在艺术字样式列表中选择所需要的样式。本实验选择 样式。

（4）在光标所在位置会出现一个文本框，在文本框中输入要显示的文字，如“海上升明月，天涯共此时”。同时，绘图工具的“格式”选项卡被激活，用户可以在艺术字样式组中选择相关命令来为艺术字设置各种效果。

实验文档在设置首字下沉、插入图片和艺术字后的效果图如图 4-17 所示。

月亮传说

海上升明月，天涯共此时

农历 8 月 15，中秋节。这是人们一直都喻为最有人情味、最诗情画意的一个节日。有人说，每逢佳节倍思亲。中秋节，这一份思念当然会更深切，尤其是一轮明月高高挂的时刻。

中秋之所以是中秋，是因为农历 8 月 15 这一天是在三秋之中。这一天天上的圆月分外明亮，特别大，特别圆，所以这一天也被视为撮合姻缘的大好日子。

说起中秋的来源，民间一直流传着多个不同的传说和神话故事。其中就有嫦娥奔月、朱元璋月饼起义、唐明皇游月宫等故事。

最为人熟悉的当然是嫦娥奔月，嫦娥偷了丈夫后羿的不死仙丹，飞奔到月宫的故事也有多个版本。在较早的记载中，嫦娥偷吃了仙药，变成了癞蛤蟆，被叫作月精。

奔月后，嫦娥住的月宫其实是一个寂寞的地方，除了一棵桂树和一只兔子，就别无他物。可是又有另一个说法是，在月宫里还有一个叫吴刚的人。

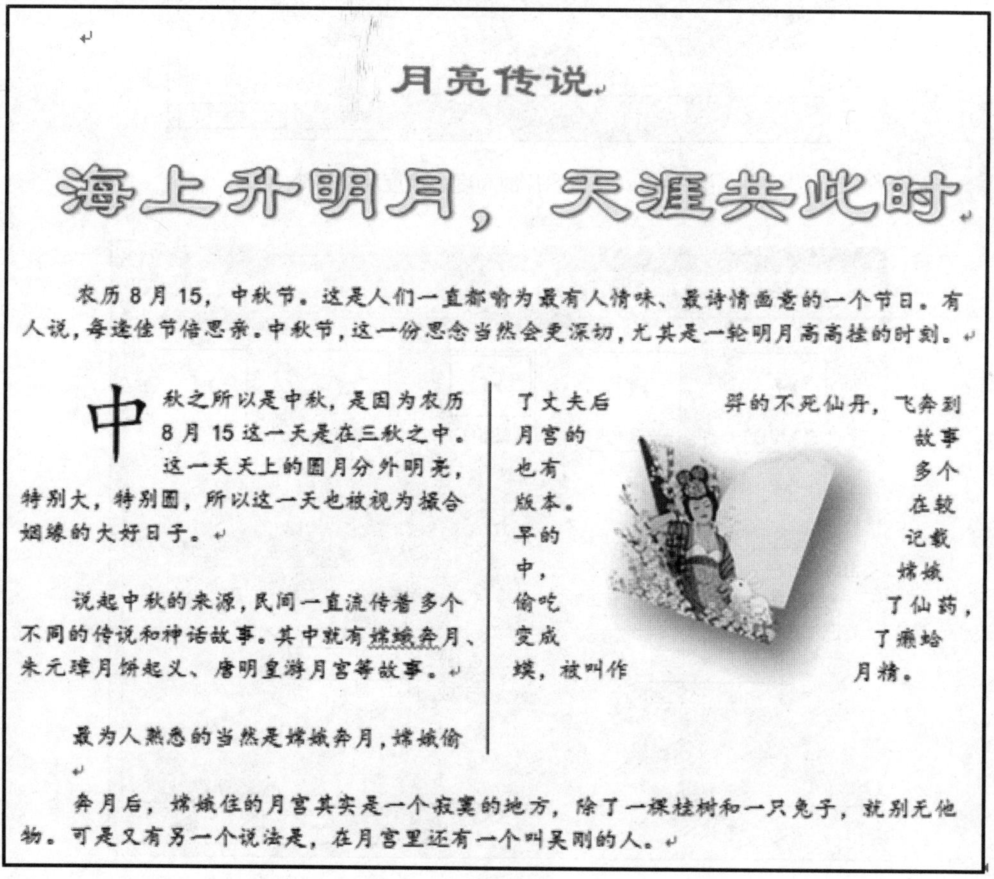

图 4-17　设置首字下沉、插入图片和艺术字后的效果图

### 10. 设置页面格式

（1）设置页边距和纸张方向

打开需要设置页边距的文档，单击"页面布局"选项卡，在"页面设置"组中，单击"页边距"按钮，在打开的下拉列表框中单击所需要的页边距类型，整个文本就会改变为所选择的页边距类型，如图4-18所示。如果下拉列表框中没有用户满意的类型，可以通过单击"自定义边距"按钮，打开"页面设置"对话框来对页边距进行设置，可分别在"上"、"下"、"左"、"右"、"装订线"等文本框中输入新的页边距值，还可以在纸张方向选项卡中设置纸张方向等。本实验的设置如图4-19所示。

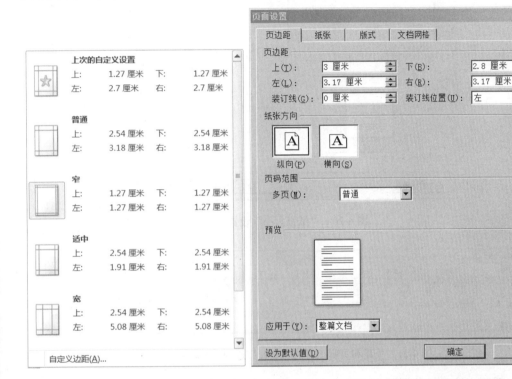

图4-18　页边距类型列表　　　　　　图4-19　"页面设置"对话框

（2）设置纸张大小

打开需要设置纸张大小的文档，单击"页面布局"选项卡，在"页面设置"组中单击"纸张大小"按钮，在打开的下拉列表中选择需要的纸张大小，本实验将纸张大小设置为A4。如果没有满意的，可以单击"其他页面大小"选项，在弹出的"页面设置"对话框的"纸张"选项卡中进行设置，如图4-20所示。

### 11. 设置页眉和页脚

为文本设置页眉和页脚的具体步骤如下。

（1）打开需要设置页眉和页脚的文档。

（2）在"插入"选项卡中选择"页眉和页脚"组，单击"页眉"下拉按钮。

（3）在下拉列表中选择"编辑页眉"命令，就可以进入页眉编辑状态。此时页眉和页脚工具的"设计"选项卡被激活，如图4-21所示。

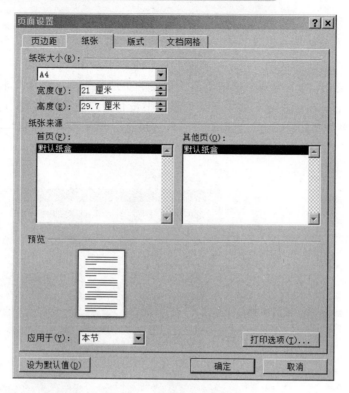

图 4-20 "纸张大小"设置

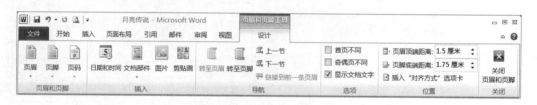

图 4-21 页眉和页脚工具的"设计"选项卡和功能区

（4）在页眉中输入要编辑的文字，本实验在页眉中间处输入"散文欣赏"。另外还可以进行如下设置。

① 在"插入"组中单击"日期和时间"或"图片"等按钮，将日期和时间或图片插入到页眉中。

② 在"选项"组选择"首页不同"或"奇偶页不同"等来为首页设置不同的页眉和页脚或为奇偶页设置不同的页眉和页脚等。

③ 通过"位置"组来设置页眉和页脚在页面中的位置与对齐方式。本实验将"页眉顶端距离"设置为 2.2 厘米，"页脚底端距离"设置为 2 厘米。

（5）在"导航"组中，单击"转至页脚"按钮，或者在"页眉和页脚"组中单击"页脚"按钮，在下拉列表中选择"编辑页脚"，进入页脚编辑状态。

（6）单击"页眉和页脚"组中的"页码"按钮，在下拉列表中选择 "页面底端"，单击"加粗显示的数字 3"样式，如图 4-22 所示。

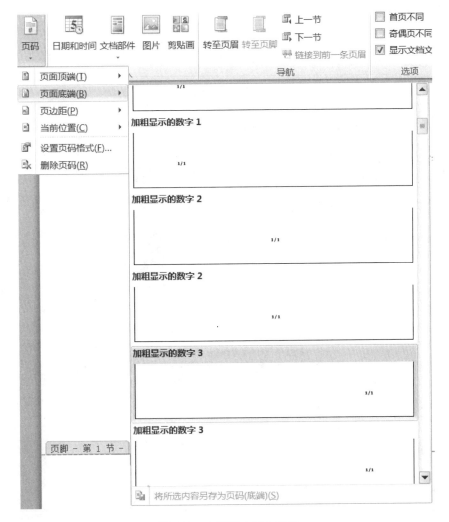

图4-22 在页脚中插入页码

（7）单击"关闭页眉和页脚"按钮 ，退出页眉/页脚编辑状态。

### 12. 打印预览

打印预览的具体步骤如下。

（1）打开需要进行打印预览的文挡。

（2）单击"文件"按钮，在下拉列表中选择"打印"。

（3）在打开的打印界面中可以看到文本的打印预览效果，如图4-23所示。

## 三、思考题

1. 在 Word 2010 的文档中，如何插入图片、编辑图片，并实现图文混排？

2. 在 Word 2010 的文档中，如何插入艺术字并对艺术字进行编辑？

3. 总结 Word 2010 的文档中查找和替换功能的使用方法。

4. 总结字体、段落等格式设置的使用方法。

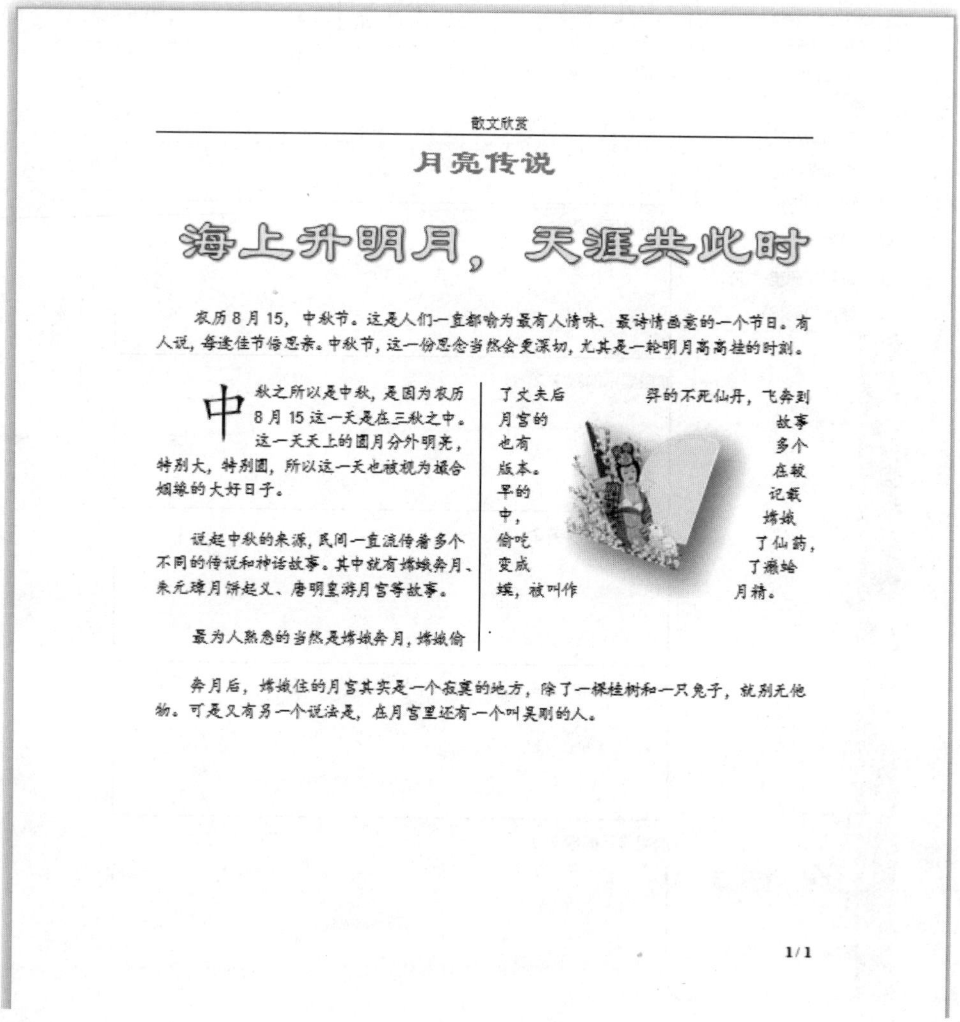

图 4-23  文本打印预览效果

## 实验三  Word 2010 表格设计

### 一、实验目的

1. 掌握 Word 2010 表格的建立和单元格内容的输入。
2. 掌握 Word 2010 表格的编辑。

### 二、实验内容及步骤

新建一个文档，制作一张如表 4-2 所示的学生期中成绩表。

表4-2 学生期中成绩表

| 学生期中成绩表 | | | | | |
| --- | --- | --- | --- | --- | --- |
| 科目<br>姓名 | 语文（分） | 数学（分） | 英语（分） | 物理（分） | 化学（分） |
| 李诗 | 76 | 67 | 76 | 89 | 96 |
| 张婷 | 87 | 65 | 86 | 56 | 79 |
| 吴宇 | 83 | 94 | 75 | 76 | 93 |
| 王力 | 70 | 87 | 79 | 56 | 74 |

**1．创建表格**

（1）使用"表格"按钮创建表格

① 将光标定位在需要创建表格的位置。

② 单击"插入"选项卡，单击"表格"组中的"表格"按钮。

③ 在打开的列表的"插入表格"栏中按住鼠标左键并拖动，选择所需的表格的行数和列数，然后释放鼠标即可。如图4-24所示，创建一个5行6列的表格。

（2）使用"插入表格"对话框创建表格

① 将光标定位在需要创建表格的位置。

② 单击"插入"选项卡，单击"表格"组中的"表格"按钮。

③ 在弹出的下拉列表中单击"插入表格"按钮。

④ 在弹出的"插入表格"对话框中，可以设置表格的列数和行数，也可以调整列宽等，如图4-25所示。

⑤ 单击"确定"按钮即可将一个5行6列的表格创建到文本的指定位置。

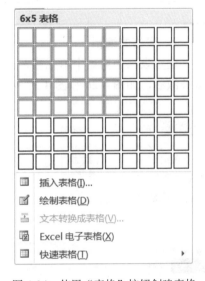

图4-24 使用"表格"按钮创建表格

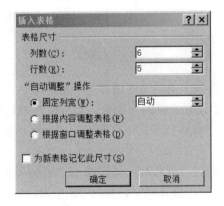

图4-25 "插入表格"对话框

（3）通过手工绘制的方法创建不规则的表格

① 将光标定位在需要创建表格的位置。

② 单击"插入"选项卡，单击"表格"组中的"表格"按钮。

③ 在弹出的列表中单击"绘制表格"按钮。

④ 鼠标光标变成笔形，此时按下鼠标左键，即可像使用画笔一样在文本中绘制出如表 4-3 所示的表格。

表 4-3　5 行 6 列的表格

|  |  |  |  |  |  |
| --- | --- | --- | --- | --- | --- |
|  |  |  |  |  |  |
|  |  |  |  |  |  |
|  |  |  |  |  |  |
|  |  |  |  |  |  |

### 2. 表格的编辑

选定表格的第一个单元格，进入表格编辑状态。此时表格工具的"设计"和"布局"选项卡被激活，如图 4-26 和图 4-27 所示。

图 4-26　表格工具的"设计"选项卡和功能区

图 4-27　表格工具的"布局"选项卡和功能区

（1）调整行高和列宽

① 选定整个表格。

② 在表格工具"布局"选项卡的功能区选择"单元格大小"组，单击"分布行"按钮，在"表格行高" 0.7厘米 中设置表格的行高值，本例设置为 0.7 厘米。

③ 选中表格第一行，在"表格行高"中将第一行的行高设置为 1 厘米（因为第一行要插入斜线表头）。

④ 采用②、③的方法，通过"分布列"按钮和"表格列宽" 2厘米 ，将表格列宽设置为 2 厘米，最后选中第一列，将其列宽设置为 2.5 厘米。

（2）绘制斜线表头

选中表格的第一个单元格，在表格工具"设计"选项卡的功能区选择"表格样式"组，单击"边框"按钮，在弹出的下拉列表框中单击"斜下框线"命令按钮 斜下框线(W) ，即可为表格绘制斜线表头。插入斜线表头后的表格如表 4-4 所示。

表4-4　插入斜线表头后的表格

| | | | | |
|---|---|---|---|---|
| | | | | |
| | | | | |
| | | | | |
| | | | | |

（3）添加行（或列）

方法一：将光标定位在表格中，单击鼠标右键。在弹出的快捷菜单中选择"插入"→"在上方插入行"命令，可在光标的上方插入一行；选择"在下方插入行"命令，可在光标的下方插入一行；选择"在左侧插入列"命令，可在光标左侧插入一列；选择"在右侧插入列"命令，可在光标右侧插入一列。

方法二：将光标定位在表格中。单击"布局"选项卡，在"行和列"组的"在上方插入"、"在下方插入"、"在左侧插入"、"在右侧插入"四个功能选项中选择合适的命令进行操作。

在本实验中，要在原表的第一行上方添加一个新行。操作步骤如下：把光标定位在表格的第一行的最后一个单元格，单击鼠标右键，然后在弹出的下拉列表中单击"插入"按钮，选择"在上方插入行"。或者，把光标定位在表格的第一行的最后一个单元格，进入表格编辑状态。单击表格工具的"布局"选项卡，然后单击"行和列"组中的"在上方插入"命令。

插入新行后的表格如表4-5所示。

表4-5　插入新行后的表格

| | | | | |
|---|---|---|---|---|
| | | | | |
| | | | | |
| | | | | |
| | | | | |
| | | | | |

（4）合并单元格

用鼠标拖动选定表格的第一行，单击鼠标右键，在弹出的下拉列表中单击"合并单元格"按钮，即可将其合并为一个单元格。

本实验中的表格在进行合并单元格操作后还留有一条斜线。此时，需要选中表格的第一行，在表格工具"设计"选项卡的功能区选择"表格样式"组，单击"边框"按钮，在弹出的下拉列表中单击"斜下框线"命令按钮 ╲ 斜下框线(W)，对其进行反操作，即可删除表格第一行的斜线表头，得到如表4-6所示的表格。

表4-6　合并单元格后的表格

| | | | | | |
|---|---|---|---|---|---|
| | | | | | |
| | | | | | |
| | | | | | |
| | | | | | |

（5）设置边框

选中表格，在表格工具的"设计"选项卡中单击表格样式组中的"边框"按钮后边的下拉按钮，在弹出的边框线下拉列表中单击"边框和底纹"命令。

在打开的"边框和底纹"对话框中，选择"边框"选项卡，在"设置"区域选择"虚框"按钮；在"样式"列表框中选择所需样式；在"颜色"下拉列表中选择所需颜色；在"宽度"下拉列表中选择1.5磅；在"应用于"下拉列表中选择"单元格"，最后单击"确定"按钮，如图4-28所示。

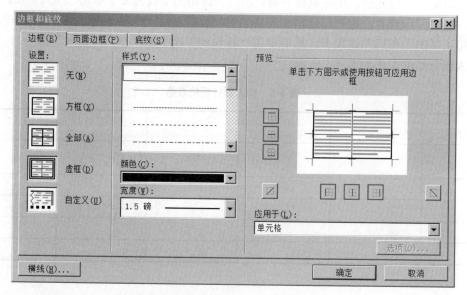

图4-28　"边框和底纹"对话框的设置

设置边框后的表格如表4-7所示。

（6）输入表格内容，进行编辑

① 参照实验样表，向表格中输入数据。

② 选中表格中的数据，设置字体为"宋体"，字号为"五号"。

表 4-7 设置边框后的表格

| | | | | |
|---|---|---|---|---|
| | | | | |
| | | | | |
| | | | | |
| | | | | |

③ 在表格工具的"布局"选项卡中单击对齐方式组中的"水平居中"按钮，如图 4-29 所示。

④ 选中表格第一行的文字，设置为"加粗"。

至此，表格已按要求制作完成，如表 4-2 所示。保存好文档，即可退出 Word 2010。

图 4-29 "对齐方式"设置

练习：在 Word 2010 文档中创建如图 4-30 所示的个人简历表。

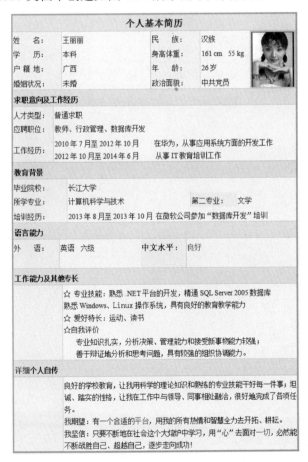

图 4-30 个人简历表

## 三、思考题

1．表格的创建有哪几种方法？分别如何创建？
2．编辑表格常用的方式有哪几种？
3．如何添加表格的边框？

# 第5章

# Excel 2010 电子表格数据处理

## 一、实验目的

1. 掌握 Excel 文档的新建、打开、编辑、关闭、保存等操作。
2. 掌握工作表的插入、删除、移动、复制和重命名等操作。
3. 掌握单元格的插入、删除、复制、移动、清除、合并等操作。
4. 掌握单元格的格式设置，包括单元格字体、对齐方式、边框、填充效果等。
5. 掌握数据的填充方法及常用函数和公式的使用方法。

## 二、实验内容及步骤

### 1. 启动 Excel 2010

常用下面 3 种方法启动 Excel 2010。

（1）打开 Windows 7 中的"开始"菜单，执行"所有程序"→Microsoft Office→Microsoft Excel 2010 菜单命令。

（2）双击由 Excel 2010 生成的文档。

（3）双击桌面上 Excel 2010 的快捷图标。

### 2. 认识 Excel 2010 窗口的组成

Excel 2010 窗口的组成如图 5-1 所示。

### 3. 创建工作表

在新建工作簿"工作簿 1"默认的工作表 Sheet1 中，从单元格 A1 开始，输入表 5-1 所示的数据。

图 5-1　Excel 2010 窗口的组成

表 5-1　电脑销售记录数据

| 编　　号 | 产 品 名 称 | 单　　价 | 数　　量 |
|---|---|---|---|
| 1 | 台式电脑 | 4899 | 1 |
| 2 | 笔记本电脑 | 4399 | 2 |
| 3 | 笔记本电脑 | 5450 | 2 |
| 4 | 笔记本电脑 | 6499 | 1 |
| 5 | 台式电脑 | 4500 | 2 |
| 6 | 台式电脑 | 3000 | 1 |

### 4．保存工作簿

方法一，单击快速访问工具栏中的 ![button] 按钮。

方法二，单击"文件"菜单，选择"保存"命令或"另存为"命令。

在如图 5-2 所示的"另存为"对话框中，指定文件要保存的位置，输入文件名"销售记录.xlsx"后，单击对话框中的"保存"按钮，即可保存文档。

### 5．重命名工作表

双击工作表标签名"Sheet1"，这时工作表标签以反白显示，在其中输入"电脑销售统计"，确认后即可完成重命名。

### 6．插入新工作表

直接单击工作表标签上的 ![button] 按钮，可以实现插入新工作表功能。将插入的工作表重命名为"销售明细"。

### 7．在同一个工作簿中移动工作表

单击"销售明细"工作表标签，用鼠标左键按住该工作表标签，沿着标签行拖动到工作表Sheet2 之前。

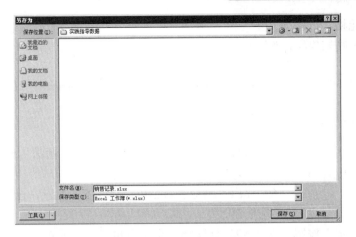

图 5-2 "另存为"对话框

### 8. 在同一个工作簿中复制工作表

选择"销售明细"工作表，按下 Ctrl 键，同时使用鼠标左键按下该工作表标签，沿着标签行拖动到工作表 Sheet3 之后。复制后的工作表自动命名为"销售明细（2）"。

### 9. 删除工作表

单击工作表标签"销售明细（2）"，然后执行"开始"→"单元格"→"删除"→"删除工作表"命令，即可删除该工作表。

### 10. 插入单元格、行和列

（1）打开"电脑销售统计"工作表。

（2）单击 A1 选定该单元格，或单击行号 1 选定第 1 行。

（3）执行"开始"→"单元格"→"插入"→"插入工作表行"命令，即在第 1 行的上方插入新的一行，原有的行将自动下移。

（4）选定单元格 D2，或单击列号 D 选定 D 列。

（5）执行"开始"→"单元格"→"插入"→"插入工作表列"命令，即在 D 列的左侧插入新的一列，原有的列将自动右移。

（6）选择单元格 A2。

（7）执行"开始"→"单元格"→"插入"→"插入单元格"命令，打开"插入"对话框，如图 5-3 所示。

（8）选中"活动单元格下移"单选按钮。

（9）单击"确定"按钮，即在 A2 处插入一个空白单元格，原单元格的数据自动下移。

图 5-3 "插入"对话框

经过以上操作后的结果如图 5-4 所示。

| | A | B | C | D | E |
|---|---|---|---|---|---|
| 1 | | | | | |
| 2 | | 产品名称 | 单价 | | 数量 |
| 3 | 编号 | 台式电脑 | 4899 | | 1 |
| 4 | 1 | 笔记本电脑 | 4399 | | 2 |
| 5 | 2 | 笔记本电脑 | 5450 | | 2 |
| 6 | 3 | 笔记本电脑 | 6499 | | 1 |
| 7 | 4 | 台式电脑 | 4500 | | 2 |
| 8 | 5 | 台式电脑 | 3000 | | 1 |
| 9 | 6 | | | | |

图 5-4 表格插入行、列和单元格后的结果

### 11. 删除单元格、行和列

（1）打开"电脑销售统计"工作表。

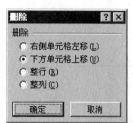

图 5-5 "删除"对话框

（2）单击列号 D 选定 D 列。

（3）执行"开始"→"单元格"→"删除"→"删除工作表列"命令。

（4）选择单元格"A2"。

（5）执行"开始"→"单元格"→"删除"→"删除单元格"命令。

（6）弹出"删除"对话框，如图 5-5 所示，选中"下方单元格上移"单选按钮。

（7）单击"确定"按钮，在"A2"处删除一个空白单元格，原单元格的数据自动上移。经过上述操作后的结果如表 5-6 所示。

| | A | B | C | D |
|---|---|---|---|---|
| 1 | | | | |
| 2 | 编号 | 产品名称 | 单价 | 数量 |
| 3 | 1 | 台式电脑 | 4899 | 1 |
| 4 | 2 | 笔记本电脑 | 4399 | 2 |
| 5 | 3 | 笔记本电脑 | 5450 | 2 |
| 6 | 4 | 笔记本电脑 | 6499 | 1 |
| 7 | 5 | 台式电脑 | 4500 | 2 |
| 8 | 6 | 台式电脑 | 3000 | 1 |

图 5-6 表格删除行、列和单元格后的结果

### 12. 选定单元格

（1）选定一个单元格

用鼠标单击目标单元格即可完成选定。

（2）选定多个连续单元格

例如，选定 A2：D8 区域的单元格。

方法一：在选定区域上按下鼠标左键，从第一个单元格 A2 拖动到最后一个单元格 D8。

方法二：单击选定区域上第一个单元格 A2，按下 Shift 键，再单击选定区域上最后一个单元格 D8。

（3）选定多个不连续单元格

例如，同时选定 A4、C3、D6、D8 单元格。

单击待选定的第一个单元格 A4，按下 Ctrl 键，再依次单击待选定的其他单元格。

### 13. 单元格数据的复制、移动和清除

（1）将 B3：B8 单元格的数据移动或复制到 H11：H16 单元格

方法一，拖曳鼠标完成移动或复制。

① 选定 B3：B8 单元格。

② 鼠标指向选定区域的外框处，此时鼠标指针呈空心箭头状。

③ 按下鼠标左键并拖曳到 H11：H16 区域，即可完成"移动"操作。

按下 Ctrl 键，同时按下鼠标左键并拖曳到 H11：H16 区域，即可完成"复制"操作。

方法二，使用剪贴板完成移动或复制。

① 选定 B3：B8 单元格。

② 执行"开始"→"剪贴板"→"剪切"命令。

③ 单击选中 H11 单元格，执行"开始"→"剪贴板"→"粘贴"命令，即可完成"移动"操作。

如果要完成"复制"操作，将上面第②步的"剪切"改成"复制"命令即可。

（2）清除 H11：H16 区域的数据

方法一：选定 H11：H16 区域，执行"开始"→"编辑"→"清除"→"清除内容"命令。

方法二：选定 H11：H16 区域，按下键盘的 Delete 键清除内容。

### 14．设置单元格的格式

（1）设置标题

① 选定 A1：D1 单元格区域。

② 执行"开始"→"单元格"→"格式"→"设置单元格格式"命令。

③ 在打开的对话框中选择"对齐"选项卡，如图 5-7 所示。将"水平对齐"和"垂直对齐"分别设置为"居中"。将"合并单元格"复选框选中后，单击"确定"按钮。

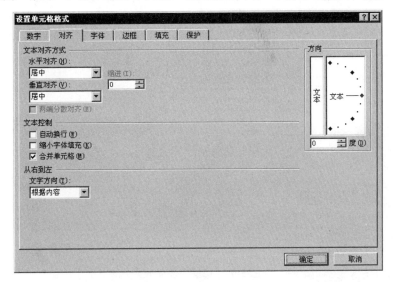

图 5-7 "对齐"选项卡

④ 在 A1 单元格中输入"4 月电脑销售情况"。

⑤ 执行"开始"→"单元格"→"格式"→"设置单元格格式"命令，选择"字体"选项卡。按图 5-8 设置字体格式后，单击"确定"按钮。

（2）设置其余部分字体样式

设置其余部分字体样式为"宋体"、12 号字，对齐方式为"水平居中"、"靠下对齐"。

（3）设置外边框为红色双线，内边框为蓝色单线

① 选定 A1：D8 区域。

② 执行"开始"→"单元格"→"格式"→"设置单元格格式"命令，打开"边框"选项卡，如图 5-9 所示。

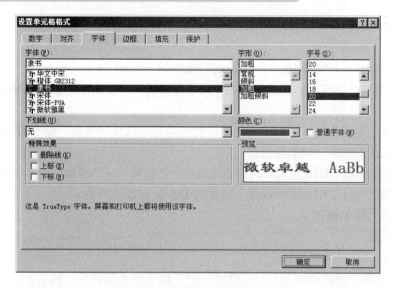

图 5-8　"字体"选项卡

图 5-9　"边框"选项卡

③ 在该选项卡中依次设置线条"样式"、"颜色"、"预置"或"边框"等内容。先依次选择双线、红色、外边框，再依次选择单线、蓝色、内部，单击"确定"按钮。

完成全部设置后，得到的效果如图 5-10 所示。

| | A | B | C | D |
|---|---|---|---|---|
| 1 | 4月电脑销售情况 | | | |
| 2 | 编号 | 产品名称 | 单价 | 数量 |
| 3 | 1 | 台式电脑 | 4899 | 1 |
| 4 | 2 | 笔记本电脑 | 4399 | 2 |
| 5 | 3 | 笔记本电脑 | 5450 | 2 |
| 6 | 4 | 笔记本电脑 | 6499 | 1 |
| 7 | 5 | 台式电脑 | 4500 | 2 |
| 8 | 6 | 台式电脑 | 3000 | 1 |

图 5-10　设置单元格格式后的效果

在"销售记录.xlsx"的 Sheet2 工作表中，输入图 5-11 中的数据。

| | A | B | C | D | E | F | G | H |
|---|---|---|---|---|---|---|---|---|
| 1 | 编号 | 类型 | 单价 | 出厂日期 | Jan-17 | Feb-17 | Mar-17 | Apr-17 |
| 2 | 1 | 液晶电视 | 4790 | Nov-16 | 7 | 3 | 2 | 4 |
| 3 | 2 | 液晶电视 | 6490 | Oct-16 | 2 | 2 | 1 | 3 |
| 4 | 3 | 液晶电视 | 4990 | Dec-16 | 8 | 3 | 2 | 5 |
| 5 | 4 | 液晶电视 | 5480 | Nov-16 | 6 | 4 | 2 | 5 |
| 6 | 5 | 冰箱 | 2200 | Oct-16 | 2 | 1 | 1 | 1 |
| 7 | 6 | 冰箱 | 4488 | Nov-16 | 1 | 0 | 0 | 1 |
| 8 | 7 | 冰箱 | 2660 | Dec-16 | 2 | 0 | 1 | 1 |
| 9 | 8 | 洗衣机 | 3280 | Nov-16 | 5 | 4 | 6 | 4 |
| 10 | 9 | 洗衣机 | 3690 | Dec-16 | 6 | 3 | 5 | 2 |
| 11 | 10 | 洗衣机 | 3160 | Nov-16 | 8 | 6 | 6 | 7 |

图 5-11　家电销售记录数据

### 15．使用鼠标拖动完成自动填充

（1）在"编号"列实现数值型数据的填充

① 在 A2 单元格中输入该数据列的第一个数值"1"。

② 选定 A2 单元格，将鼠标指向填充柄，按下鼠标左键并同时按下 Ctrl 键向下拖动至 A11 单元格。

（2）在"类型"列实现文本型数据的填充

① 在 B2 单元格中输入该数据列的第一个文本"液晶电视"。

② 选定 B2 单元格，将鼠标指向填充柄，按下鼠标左键并向下拖动至 B5 单元格。

③ 使用同样的方法输入 B6：B8 单元格的数据及 B9：B11 单元格的数据。

### 16．使用序列对话框完成自动填充

可以采用以下方法实现列标题"Jan-17、Feb-17、Mar-17、Apr-17"的填充。

① 在 E1 单元格中输入该数据行的第一个数据"2017-1"。

② 选定要填充的区域 E1：H1。

③ 执行"开始"→"编辑"→"填充"→"系列"命令，打开如图 5-12 所示的"序列"对话框。

④ 在"序列产生在"栏内，选中"行"单选按钮。

⑤ 在"类型"栏内，选中"日期"单选按钮。

⑥ 在"日期单位"栏内，选中"月"单选按钮。

⑦ 在"步长值"文本框内输入步长值"1"。

⑧ 单击"确定"按钮，完成填充。

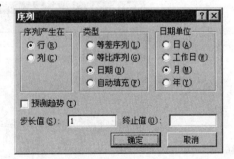

图 5-12　"序列"对话框

### 17．公式的使用

（1）"销售总量"列数据的计算

① 单击 I1 单元格，输入文本"销售总量"。

② 选定 I2 单元格，单击"开始"→"编辑"中的"自动求和"按钮 Σ。当 I2 单元格中显示"=SUM(E2:H2)"公式时，按下 Enter 键求得结果。

③ 选定 I2 单元格，用鼠标左键拖动 I2 单元格的填充柄，向下自动填充 I3 到 I11 单元格中的数据。

（2）"销售总额"列数据的计算

① 单击 J1 单元格，输入文本"销售总额"。

② 选定 J2 单元格，输入公式"=I2*C2"，按下 Enter 键求得结果。

③ 选定 J2 单元格，用鼠标左键拖动 J2 单元格的填充柄，向下自动填充 J3 到 J11 单元格中的数据。

**18. 函数的使用**

（1）"平均月销量"列数据的计算

① 单击 K1 单元格，输入文本"平均月销量"。

② 选定 K2 单元格，执行"公式"→"函数库"→"插入函数"命令，或直接单击编辑栏中的 $f_x$ 按钮，打开如图 5-13 所示的"插入函数"对话框。

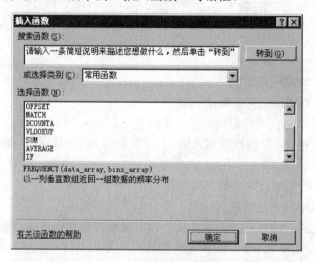

图 5-13 "插入函数"对话框

在"选择函数"列表框中，选择"常用函数"类别中的"AVERAGE"函数，单击"确定"按钮，打开如图 5-14 所示的"函数参数"对话框。

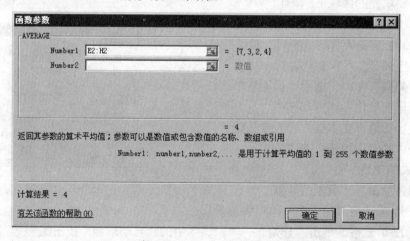

图 5-14 "函数参数"对话框

③ 单击"Number1"后面的折叠按钮，选择需要求取平均值的单元格区域 E2:H2，然后单击"确定"按钮。

④ 单击 K2 单元格，用鼠标左键拖动 K2 单元格的填充柄，向下自动填充 K3 到 K11 单元

格中的数据。

（2）"月最高销量"列数据的计算

① 单击 L1 单元格，输入文本"月最高销量"。

② 在 L2 单元格中插入函数 MAX，单击折叠按钮，设置参数并完成计算。利用填充柄完成 L3 到 L11 单元格的填充。

## 三、思考题

1．工作簿和工作表有什么区别和联系？

2．如何输入文本数字串？如何输入日期和时间？

3．利用功能区选项完成单元格数据的移动和复制操作时，它们之间的区别是什么？

4．如何使用"序列"对话框对日期型数据进行填充？

## 实验二　数据分析与管理

## 一、实验目的

1．掌握条件格式的使用方法。

2．掌握简单排序和复杂排序的方法。

3．掌握自动筛选和高级筛选的方法。

4．掌握分类汇总的操作。

5．掌握创建数据透视表的操作。

6．掌握创建图表的相关操作。

## 二、实验内容及步骤

新建文件"工资表.xlsx"，在 Sheet1 工作表中输入如图 5-15 所示的数据。

| | A | B | C | D | E | F | G |
|---|---|---|---|---|---|---|---|
| 1 | 部门 | 姓名 | 性别 | 出生日期 | 职称 | 基本工资 | 附加工资 |
| 2 | 开发部 | 曹雨声 | 男 | 1981-6-26 | 初级 | 3556.00 | 529.00 |
| 3 | 人事部 | 李芳 | 女 | 1977-8-1 | 中级 | 3756.00 | 461.00 |
| 4 | 开发部 | 李晓利 | 男 | 1977-8-27 | 高级 | 3896.00 | 548.00 |
| 5 | 市场部 | 刘冰冰 | 女 | 1981-10-5 | 初级 | 3586.00 | 437.00 |
| 6 | 人事部 | 刘明 | 男 | 1976-5-4 | 高级 | 3875.00 | 541.00 |
| 7 | 市场部 | 罗成明 | 男 | 1980-5-6 | 初级 | 3705.00 | 418.00 |
| 8 | 开发部 | 文强 | 男 | 1977-1-15 | 高级 | 3985.00 | 559.00 |
| 9 | 财务部 | 许志华 | 女 | 1978-9-30 | 中级 | 3742.00 | 403.00 |
| 10 | 开发部 | 张红华 | 女 | 1978-11-28 | 中级 | 3677.00 | 467.00 |
| 11 | 市场部 | 张林 | 女 | 1978-8-15 | 初级 | 3581.00 | 486.00 |

图 5-15　工资表数据

### 1．条件格式

将"基本工资"高于 3800 元的单元格文字颜色设置为"红色"，字形设置为"斜体"。

① 选中 F2：F11 单元格区域，执行"开始"→"样式"→"条件格式"→"突出显示单元格规则"→"其他规则"命令，打开如图 5-16 所示的"新建格式规则"对话框。

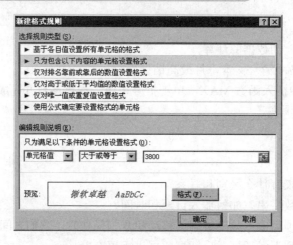

图 5-16 "新建格式规则"对话框

② 将条件设置为"单元格值""大于或等于""3800"。单击"格式"按钮，将文本颜色设置为"红色"，字形设置为"斜体"，单击"确定"按钮。

**2. 简单排序**

复制工作表 Sheet1，并将新表更名为"排序"。

（1）对表中数据按照"基本工资"降序排列

① 选定排序字段"基本工资"数据列中的任意一个单元格。

② 执行"开始"→"编辑"→"排序和筛选"→"降序"命令。

（2）对表中数据按照"姓名"升序排列

① 选定排序字段"姓名"数据列中的任意一个单元格。

② 执行"开始"→"编辑"→"排序和筛选"→"升序"命令。

**注意**：仔细观察文本型数据"姓名"列的排列顺序，找出排序依据。

**3. 复杂排序**

对表 5-6 中的数据进行排列："部门"为主要关键字，次序为"升序"；"姓名"为次要关键字，次序为"降序"。

① 选定数据区域中的任意一个单元格。

② 执行"数据"→"排序和筛选"→"排序"命令。在打开的"排序"对话框中设置主要关键字为"部门"，次序为"升序"。

③ 单击"添加条件"按钮。设置次要关键字为"姓名"，次序为"降序"，如图 5-17 所示。

④ 单击"确定"按钮完成排序。

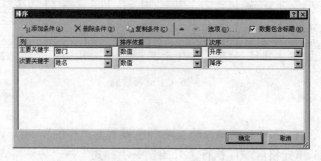

图 5-17 "排序"对话框

#### 4. 自动筛选

复制工作表 Sheet1，并将新表更名为"筛选"。

（1）在"筛选"表中筛选出部门为"市场部"的人员

① 选定数据区域中的任意一个单元格。

② 执行"数据"→"排序和筛选"→"筛选"命令，如图 5-18 所示，字段名称将变成一个下拉列表的形式。

| | A | B | C | D | E | F | G |
|---|---|---|---|---|---|---|---|
| 1 | 部门 | 姓名 | 性别 | 出生日期 | 职称 | 基本工资 | 附加工资 |
| 2 | 财务部 | 许志华 | 女 | 1978-9-30 | 中级 | 3742.00 | 403.00 |
| 3 | 开发部 | 张红华 | 女 | 1978-11-28 | 中级 | 3677.00 | 467.00 |
| 4 | 开发部 | 文强 | 男 | 1977-1-15 | 高级 | 3985.00 | 559.00 |
| 5 | 开发部 | 李晓利 | 男 | 1977-8-27 | 高级 | 3896.00 | 548.00 |
| 6 | 开发部 | 曹雨声 | 男 | 1981-6-26 | 初级 | 3556.00 | 529.00 |
| 7 | 人事部 | 刘明 | 男 | 1976-5-4 | 高级 | 3875.00 | 541.00 |
| 8 | 人事部 | 李芳 | 女 | 1977-8-1 | 中级 | 3756.00 | 461.00 |
| 9 | 市场部 | 张林 | 女 | 1978-8-15 | 初级 | 3581.00 | 486.00 |
| 10 | 市场部 | 罗成明 | 男 | 1980-5-6 | 初级 | 3705.00 | 418.00 |
| 11 | 市场部 | 刘冰冰 | 女 | 1981-10-5 | 初级 | 3586.00 | 437.00 |

图 5-18　自动筛选表

③ 单击"部门"单元格右侧的▼按钮，在下拉列表中将"市场部"选中，如图 5-19 所示，单击"确定"按钮，则数据表中只显示"部门"为"市场部"的记录，如图 5-20 所示。

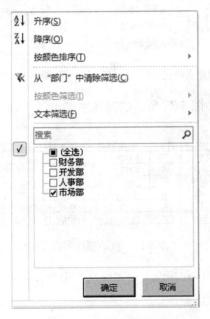

图 5-19　设置筛选条件

| | A | B | C | D | E | F | G |
|---|---|---|---|---|---|---|---|
| 1 | 部门 | 姓名 | 性别 | 出生日期 | 职称 | 基本工资 | 附加工资 |
| 9 | 市场部 | 张林 | 女 | 1978-8-15 | 初级 | 3581.00 | 486.00 |
| 10 | 市场部 | 罗成明 | 男 | 1980-5-6 | 初级 | 3705.00 | 418.00 |
| 11 | 市场部 | 刘冰冰 | 女 | 1981-10-5 | 初级 | 3586.00 | 437.00 |

图 5-20　自动筛选结果 1

在图 5-19 所示的下拉列表中选中"全选"复选框后，单击"确定"按钮，则可以显示出所有的数据记录。

（2）在"筛选"表中筛选出基本工资大于等于 3800 元或小于 3600 元的人员

① 执行"筛选"命令后，在图 5-18 所示的结果中，单击"基本工资"单元格右侧的▼按钮，在下拉列表中选择"自定义筛选"，如图 5-21 所示。

② 在弹出的如图 5-22 所示的对话框中，依次选择并设置基本工资"大于或等于""3800""或""小于""3600"，设置完成后单击"确定"按钮。

图 5-21　设置自定义筛选

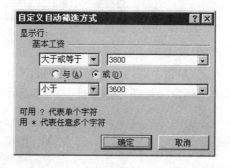

图 5-22　"自定义自动筛选方式"对话框

完成操作后，将显示出如图 5-23 所示的筛选结果。

| | A | B | C | D | E | F | G |
|---|---|---|---|---|---|---|---|
| 1 | 部门 | 姓名 | 性别 | 出生日期 | 职称 | 基本工资 | 附加工资 |
| 4 | 开发部 | 文强 | 男 | 1977-1-15 | 高级 | 3985.00 | 559.00 |
| 5 | 开发部 | 李晓利 | 男 | 1977-8-27 | 高级 | 3896.00 | 548.00 |
| 6 | 开发部 | 曹雨声 | 男 | 1981-6-26 | 初级 | 3556.00 | 529.00 |
| 7 | 人事部 | 刘明 | 男 | 1976-5-4 | 高级 | 3875.00 | 541.00 |
| 9 | 市场部 | 张林 | 女 | 1978-8-15 | 初级 | 3581.00 | 486.00 |
| 11 | 市场部 | 刘冰冰 | 女 | 1981-10-5 | 初级 | 3586.00 | 437.00 |

图 5-23　自动筛选结果 2

再次执行"数据"→"排序和筛选"→"筛选"命令，则可以取消对"筛选"表的自动筛选操作。

5. 高级筛选

（1）在"筛选"表筛选出"基本工资"大于或等于 3800 的男性数据记录，并将筛选结果保存到 A16 单元格开始的位置上。

① 选中 F13：G14 单元格区域，输入如图 5-24 所示的筛选条件。

② 执行"数据"→"排序和筛选"→"高级"命令，打开"高级筛选"对话框，选中"将筛选结果复制到其他位置"单选按钮。利用折叠按钮，设置"列表区域"、"条件区域"和"复制到"区域，如图 5-25 所示，单击"确定"按钮，即可完成筛选操作。筛选后的结果如图 5-26 所示。

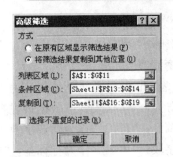

图 5-25 "高级筛选"对话框

| 基本工资 | 性别 |
|---|---|
| >=3800 | 男 |

图 5-24 筛选条件

| 部门 | 姓名 | 性别 | 出生日期 | 职称 | 基本工资 | 附加工资 |
|---|---|---|---|---|---|---|
| 开发部 | 文强 | 男 | 1977-1-15 | 高级 | 3985.00 | 559.00 |
| 开发部 | 李晓利 | 男 | 1977-8-27 | 高级 | 3896.00 | 548.00 |
| 人事部 | 刘明 | 男 | 1976-5-4 | 高级 | 3875.00 | 541.00 |

图 5-26 高级筛选结果

（2）参考上述步骤，在"筛选"表中筛选出"基本工资"大于或等于 3800 元且"部门"为"开发部"的人员的数据记录。

### 6. 分类汇总

复制工作表 Sheet1，并将新表更名为"分类汇总"。

将"分类汇总"表中的数据按"部门"分别计算出"基本工资"、"附加工资"的平均值。

① 按"部门"字段进行升序排列。

② 选定数据区域中的任意一个单元格。

③ 执行"数据"→"分级显示"→"分类汇总"命令，打开"分类汇总"对话框。

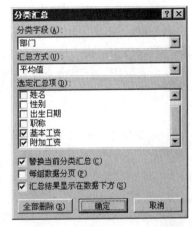

④ 如图 5-27 所示，在"分类汇总"对话框中，单击"分类字段"下方的组合框，选择"部门"。

⑤ 单击"汇总方式"下方的组合框，选择"平均值"。

⑥ 在"选定汇总项"下方的列表框中选择"基本工资"、"附加工资"复选框。

图 5-27 "分类汇总"对话框

⑦ 单击"确定"按钮，分类汇总结果如图 5-28 所示。

| | A | B | C | D | E | F | G |
|---|---|---|---|---|---|---|---|
| 1 | 部门 | 姓名 | 性别 | 出生日期 | 职称 | 基本工资 | 附加工资 |
| 2 | 财务部 | 许志华 | 女 | 1978-9-30 | 中级 | 3742.00 | 403.00 |
| 3 | **财务部 平均值** | | | | | 3742.00 | 403.00 |
| 4 | 开发部 | 张红华 | 女 | 1978-11-28 | 中级 | 3677.00 | 467.00 |
| 5 | 开发部 | 文强 | 男 | 1977-1-15 | 高级 | 3985.00 | 559.00 |
| 6 | 开发部 | 李晓利 | 男 | 1977-8-27 | 高级 | 3896.00 | 548.00 |
| 7 | 开发部 | 曹雨声 | 男 | 1981-6-26 | 初级 | 3556.00 | 529.00 |
| 8 | **开发部 平均值** | | | | | 3778.50 | 525.75 |
| 9 | 人事部 | 刘明 | 男 | 1976-5-4 | 高级 | 3875.00 | 541.00 |
| 10 | 人事部 | 李芳 | 女 | 1977-8-1 | 中级 | 3756.00 | 461.00 |
| 11 | **人事部 平均值** | | | | | 3815.50 | 501.00 |
| 12 | 市场部 | 张林 | 女 | 1978-8-15 | 初级 | 3581.00 | 486.00 |
| 13 | 市场部 | 罗成明 | 男 | 1980-5-6 | 初级 | 3705.00 | 418.00 |
| 14 | 市场部 | 刘冰冰 | 女 | 1981-10-5 | 初级 | 3586.00 | 437.00 |
| 15 | **市场部 平均值** | | | | | 3624.00 | 447.00 |
| 16 | **总计平均值** | | | | | 3735.90 | 484.90 |

图 5-28 分类汇总结果

**提示：** 如果要取消分类汇总，可以在打开如图 5-27 所示的"分类汇总"对话框后，单击其中的"全部删除"按钮。

**7．数据透视表**

复制工作表 Sheet1，并将新表更名为"数据透视"。

对"数据透视"工作表建立数据透视表。具体要求如下：

① 报表筛选："部门"作为筛选字段。

② 分类字段："姓名"作为行标签，"性别"作为列标签。

③ 汇总数值："基本工资"和"附加工资"的平均值。

④ 透视表位置：从当前工作表的 A15 单元格开始。

具体操作步骤如下。

① 选定数据区域中的任意一个单元格。

② 执行"插入"→"表格"→"数据透视表"→"数据透视表"选项，打开"创建数据透视表"对话框。选中"选择一个表或区域"单选按钮，并利用折叠按钮设置"表/区域"的内容为整个数据区域 A1：G11。选中"现有工作表"单选按钮，并利用折叠按钮指定"位置"为工作表中空白区域 A15：G30，如图 5-29 所示。设置完成后单击"确定"按钮。

③ 弹出"数据透视表字段列表"对话框，在"选择要添加到报表的字段："列表框中选择所需字段，如图 5-30 所示。将"部门"拖至"报表筛选"列表框中，将"姓名"拖至"行标签"列表框中，将"性别"拖至"列标签"列表框中，将"基本工资"、"附加工资"拖至"数值"列表框中，并单击下拉箭头，分别将"值字段设置"中的"计算类型"设置为"平均值"。

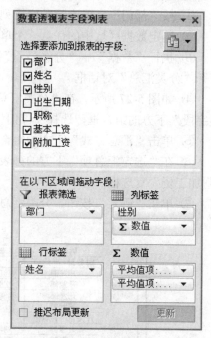

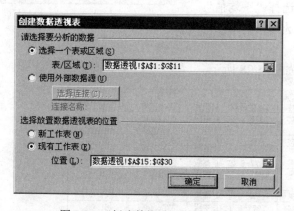

图 5-29 "创建数据透视表"对话框　　　　图 5-30 "数据透视表字段列表"对话框

④ 设置完成后，在"部门"中选择"开发部"，显示出如图 5-31 所示的透视表。

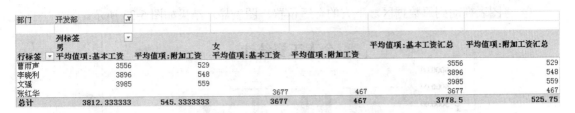

| 部门 | 开发部 | ▼ | | | | | | |
|---|---|---|---|---|---|---|---|---|
| | 列标签 | ▼ | | | | | | |
| | 男 | | | 女 | | | 平均值项:基本工资汇总 | 平均值项:附加工资汇总 |
| 行标签 | 平均值项:基本工资 | 平均值项:附加工资 | 平均值项:基本工资 | 平均值项:附加工资 | | | | |
| 曹雨声 | 3556 | 529 | | | | | 3556 | 529 |
| 李晓利 | 3896 | 548 | | | | | 3896 | 548 |
| 文强 | 3985 | 559 | | | | | 3985 | 559 |
| 张红华 | | | 3677 | 467 | | | 3677 | 467 |
| 总计 | 3812.333333 | 545.3333333 | 3677 | 467 | | | 3778.5 | 525.75 |

图 5-31　数据透视表的显示结果

### 8. 创建图表

复制工作表 Sheet1，并将新表更名为"图表"。

在"图表"工作表中，根据"姓名"、"基本工资"、"附加工资"列的数据，创建二维柱形图表。创建图表的具体要求如下。

（1）图表标题为"个人工资统计"；X 轴的标题为"姓名"，Y 轴的标题为"工资"。

（2）图例在图表"靠右"的位置。

（3）图表的数据源为"姓名"、"基本工资"、"附加工资"。

（4）图表的位置为原工作表数据的下方。

完成上述要求的具体操作步骤如下。

① 选择"插入"选项卡，在"图表"选项组中选择"柱形图"，单击下三角按钮，选择"二维柱形图"的第一个样式（簇状柱形图）。

② 执行"设计"→"数据"→"选择数据"命令，打开"选择数据源"对话框。利用折叠按钮，在"图表数据区域"中选择需要生成图表的数据列，如本表中的"姓名"、"基本工资"、"附加工资"列。实现多列选择时，鼠标操作需要同时按下 Ctrl 键。如图 5-32 所示，在"图例项"和"水平（分类）轴标签"中将自动填充内容。

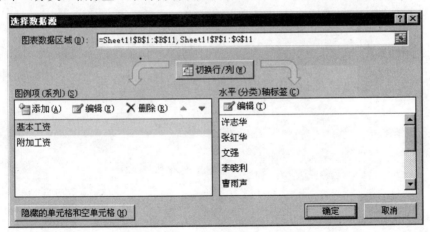

图 5-32　"选择数据源"对话框

③ 在"图表布局"中选择"布局 1"。将图表区"图表标题"修改为"个人工资统计"。

④ 执行"布局"→"标签"→"坐标轴标题"→"主要横坐标轴标题"→"坐标轴下方标题"命令，将图表区"坐标轴标题"修改为"姓名"。使用同样的方法将纵坐标的标题设置为"工资"。

⑤ 执行"布局"→"标签"→"图例"→"在右侧显示图例"命令。

⑥ 将图表拖动到原数据区域下方的合适位置。图表显示结果如图 5-33 所示。

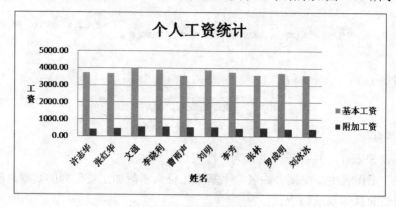

图 5-33　图表显示结果

# 三、思考题

1. 复杂排序中，"主要关键字"和"次要关键字"的作用是什么？
2. 比较高级筛选条件单元格区域中"与"和"或"选项的不同之处。
3. 分类汇总的前提操作是什么？
4. 简述"数据透视表"和"分类汇总"的区别。
5. 创建图表时，如何创建一个单独的图表工作表？

# 第6章

>>>>>>>

# PowerPoint 2010 演示文稿的制作

实验一　PowerPoint 2010 的基本操作

## 一、实验目的

1. 掌握 PowerPoint 2010 的创建、保存及打开等基本操作方法。
2. 掌握输入文本和编辑文本的方法。
3. 掌握插入表格的方法。
4. 掌握艺术字、音频、视频的使用。
5. 熟练掌握幻灯片的动画设计、演示文稿的放映。

## 二、实验内容及步骤

### 1. 启动和退出 PowerPoint 2010

（1）启动 PowerPoint 2010

方法一，打开 Windows 7 中的"开始"菜单，执行"所有程序"→Microsoft Office→Microsoft PowerPoint 2010 菜单命令。

方法二，双击桌面上的 PowerPoint 2010 快捷方式图标。

首先要在桌面上创建一个 PowerPoint 2010 快捷方式图标。

桌面快捷方式的创建方法：右键单击 Microsoft PowerPoint 2010 程序菜单，在弹出的菜单中选择"发送到"命令，然后选择"桌面快捷方式"命令，即可在桌面上创建一个 PowerPoint 2010 快捷方式图标。

（2）退出 PowerPoint 2010

方法一，单击 PowerPoint 窗口右上角的"关闭"按钮▣。

方法二，单击 PowerPoint 窗口左上角的图标▣，在打开的下拉菜单中选择"关闭"命令。

方法三，双击 PowerPoint 窗口左上角的图标 P。

方法四，使用快捷键 Alt+F4。

## 2. PowerPoint 2010 的工作界面

PowerPoint 2010 工作界面如图 6-1 所示。

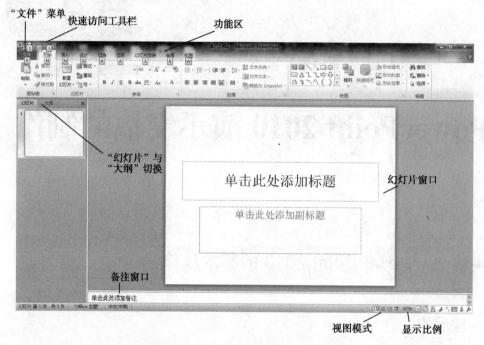

图 6-1  PowerPoint 2010 工作界面

## 3. 创建、保存及打开演示文稿

（1）创建演示文稿

打开 PowerPoint 2010 后会默认创建一个名为"演示文稿 1"的空白演示文稿，还可以通过以下方式来新建演示文稿。

方法一，单击"文件"菜单，选择"新建"命令，打开如图 6-2 所示的新建界面，根据要求选择所需要的模板，最后单击"创建"按钮即可。

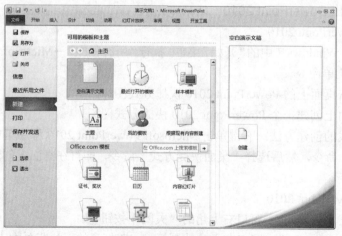

图 6-2  新建演示文稿

方法二，进入 PowerPoint 2010 工作界面，使用快捷键 Ctrl+N 创建。

（2）保存演示文稿

任何文档的编辑过程都要注意随时存盘，以防止断电、死机等意外情况的发生。保存演示文稿通常采用以下方式。

方法一，使用"文件"菜单中的"保存"命令。单击"文件"菜单并选择"保存"命令，弹出如图 6-3 所示的"另存为"对话框。在此对话框中可以选择保存路径。演示文稿的默认文件名为"演示文稿 1.pptx"，可以根据需要自行修改为合适的名称。

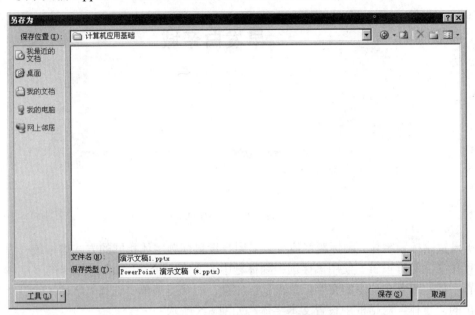

图 6-3 "另存为"对话框

方法二，使用 Ctrl+S 组合键。

方法三，使用"文件"菜单中的"另存为"命令。单击"文件"菜单并选择"另存为"命令。该方法一般用于将当前演示文稿另存为一个新的副本或保存为非".pptx"格式的文件。

（3）打开演示文稿

单击"文件"菜单并选择"打开"命令，在弹出的对话框中查找并打开已有的演示文稿。也可以先在资源管理器中定位到需要打开的演示文稿的位置，再双击演示文稿图标来打开演示文稿。

### 4．输入文本和编辑文本

在演示文稿中输入七律诗《早发白帝城》：朝辞白帝彩云间，千里江陵一日还。两岸猿声啼不住，轻舟已过万重山。要求设置标题为黑体、加粗、60 号字、居中，设置正文为楷体、36 号字、居中。

（1）新建一个空演示文稿。空演示文稿中有一张幻灯片，幻灯片中有标题文本框和副标题文本框，分别在其中输入七律诗的标题和正文。

（2）设置标题字体。单击标题文字，标题周围出现虚线框，单击虚线框的任意位置，该框变为实线框，表示文本框被选中。选中后打开"开始"选项卡，在"字体"选项组中设置字体为黑体，字号为 60，加粗，如图 6-4 所示。

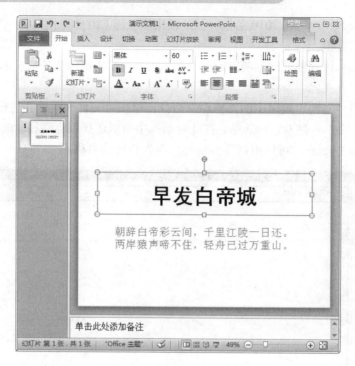

图 6-4　设置标题字体

（3）设置副标题字体。副标题字体可以采用与设置标题字体相同的方式进行统一设置，也可以仅针对文字进行设置。使用鼠标选中副标题中的文字，在"开始"选项卡的"字体"选项组中设置字体；或者在选中的文字上单击鼠标右键，在快捷菜单中选择"字体（F）"命令，然后在弹出的"字体"对话框中设置文本字体，如图6-5所示。

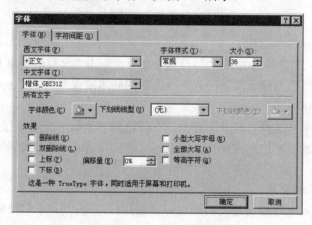

图 6-5　"字体"对话框

文本字体设置结束后的效果如图6-6所示。

### 5．文本框的使用

在演示文稿中添加一张空白幻灯片，添加标题"古诗欣赏"，再输入两首古诗，古诗文字采用纵向排列。

（1）添加一张空白幻灯片。打开"开始"选项卡，单击"新建幻灯片"下拉按钮，在"Office主题"中选择"空白"，如图6-7所示。

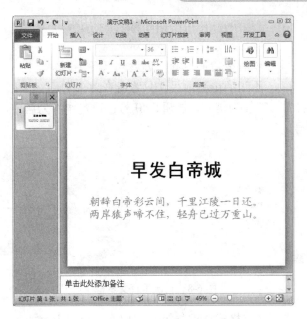

图 6-6　字体设置效果

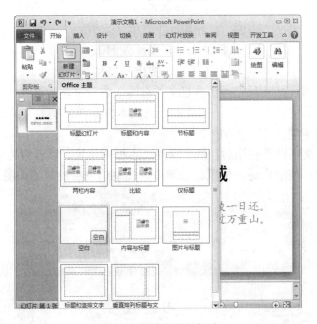

图 6-7　新建空白幻灯片

　　（2）添加标题。文字内容不能直接输入到幻灯片中，必须用文本框来存放输入的文字。先单击"插入"选项卡，单击"文本"选项组中的"文本框"按钮，鼠标指针变为↓形状。在幻灯片工作区中单击鼠标左键或按下鼠标左键进行拖动后释放就可以插入一个文本框。在文本框中输入标题文字"古诗欣赏"，设置文字字体为黑体、加粗、60 号。

　　（3）输入第一首古诗。古诗正文文字方向为纵向，需要在垂直文本框中输入内容，因此先添加一个垂直文本框。单击"插入"选项卡，单击"文本"选项组中的"文本框"下拉按钮，选择"垂直文本框（V）"，添加垂直文本框到幻灯片中，如图 6-8 所示。在文本框中输入如下内容。

题西林壁

宋　苏轼

横看成岭侧成峰，远近高低各不同。

不识庐山真面目，只缘身在此山中。

设置古诗标题为居中，字体为仿宋、加粗、40 号；设置作者为居中，字体为楷体、20 号；设置正文为宋体、32 号。

图 6-8　新建垂直文本框

（4）输入第二首古诗。文字格式要求与第一首相同，诗词内容如下。

登鹳雀楼

唐　王之涣

白日依山尽，黄河入海流。

欲穷千里目，更上一层楼。

输入第二首古诗时，可以新建一个垂直文本框输入古诗文本，再逐一设置字体，操作方式与第（3）步完全相同。也可以复制第一首古诗的文本框，在复制的文本框中修改文字，这样可以省略设置字体的步骤。

（5）简单布局。文字设置完毕后，适当移动文本框的位置，以获得比较好的整体效果。移动文本框只需要选中后拖动到适当位置释放即可。调整结束后的效果如图 6-9 所示。

图 6-9　整体效果

如果在编辑的过程中多插入了文本框，需要删除，选择要删除的文本框后，按 Delete 键就可以删除文本框和其中的文字了。

除了以上描述的基本文字编辑功能外，文本框还支持特效，用户可以使用特效来美化界面。为文本框添加特效需要使用"开始"选项卡中的"绘图"选项组，如图 6-10 所示。

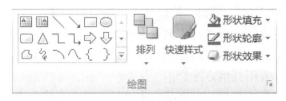

图 6-10　"绘图"选项组

（1）为标题文本框添加快速样式。选中标题后单击"快速样式"下拉按钮，将鼠标移动到样式列表上，略作停留，预览效果就自动显示到幻灯片中。在此，单击选用样式"强烈效果—水绿色，强调颜色 5"，标题文本框被加上了渐变底色和 3D 效果。

（2）为标题设置形状效果。单击"形状效果"下拉按钮，在效果选项中选择"映像（R）"，再选择"半映像，接触"。此时文本框上被加上了倒影效果。

（3）设置完标题的显示效果后，还可以继续为两首诗设置效果。将左侧的文本框的"形状效果"设置为"三维旋转"→"离轴 1 右"，右侧的文本框设置为"离轴 2 左"，得到如图 6-11 所示的整体效果。

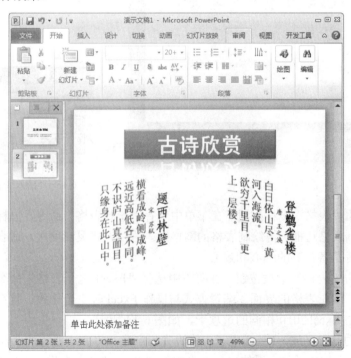

图 6-11　添加 3D 效果后的整体效果

## 6．插入表格

演示文稿中经常用到表格，简单的表格可以直接在 PowerPoint 中制作，一些复杂的或有较多数据的表格可以借用已经制作好的 Word 中的表格或 Excel 表格。

（1）在演示文稿中制作表格

在 PowerPoint 2010 中插入表格的方式有多种，现以插入一个 3 行 4 列的表格为例进行说明。

方法一：打开"插入"选项卡，单击"表格"下拉按钮，在弹出的菜单的方格间移动鼠标，随着鼠标指针的移动，左上角的部分方格的边框变为橙色，表示将要插入的表格的行列数，方格的上方出现"4×3 表格"字样，同时，幻灯片中出现表格的预览效果，如图 6-12 所示。移动到合适位置后单击鼠标左键，一个 3 行 4 列的表格就被插入到幻灯片中。

受快捷菜单大小的限制，这种直观的插入方式最多只能插入 8 行 10 列的表格，如果希望插入更大的表格，则需要采用其他方法。

方法二：单击"表格"下拉按钮，在菜单中选择"插入表格"命令，弹出如图 6-13 所示的"插入表格"对话框，在该对话框中分别将列数和行数设置为 4 和 3，单击"确定"按钮即可。这种方式没有预览效果，但是可以插入任意行列数的表格。

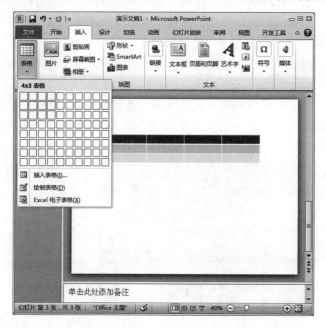

图 6-12　插入表格

图 6-13　"插入表格"对话框

方法三：单击"表格"下拉按钮，在菜单中选择"绘制表格"命令，鼠标指针变为一支铅笔的图案，先绘制表格边框，再绘制表格的网格线。这种方式灵活度大，适合绘制不规则的表格，但需要使用者具备足够的细心和耐心。

方法四：单击"表格"下拉按钮，在菜单中选择"Excel 电子表格"命令，一张 Excel 被插入到幻灯片中，编辑表格的界面、编辑方式与操作 Excel 时完全一致，且系统选项卡也发生了变化，变成了与 Excel 2010 相同的选项卡，如图 6-14 所示。

单击幻灯片的其他区域，Excel 电子表格失去焦点时，将变成普通的 PowerPoint 表格，不再具备 Excel 表格的编辑功能，系统选项卡也恢复到 PowerPoint 选项卡的状态。如果想继续以 Excel 格式编辑表格，只需要选中该表格，再双击该表格，即可重新进行 Excel 表格模式的编辑。

（2）将表格粘贴到演示文稿

对于行列较多、输入量较大的表格，最好的方式是使用 Word 或 Excel 中已经编辑好的表格。直接复制 Word 或 Excel 文档中的表格，粘贴到演示文稿中，再调整表格宽度和高度、文字大小即可。

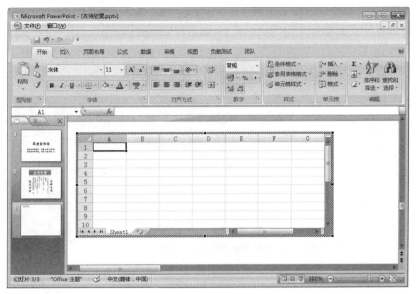

图 6-14　插入 Excel 电子表格

### 7. 插入艺术字、声音和视频

（1）插入艺术字

打开"插入"选项卡，在"文本"选项组中单击"艺术字"下拉按钮，从打开的下拉列表中选择所需要的样式。选择"填充-红色，强调文字颜色 2，粗糙棱台"样式，如图 6-15 所示。在新建的文本框中输入文字"多彩的艺术字"，设置字体为楷体。选择"格式"→"艺术字样式"→"文本效果"→"转换"命令，选择"朝鲜鼓"效果，如图 6-16 所示。

图 6-15　插入艺术字

PowerPoint 2010 支持直接将普通文字转换为艺术字。只需将文字选中，在"格式"选项卡的"艺术字样式"中选择一种快速样式并单击即可。

选中前一个步骤中设置的艺术字，较之普通的文本框而言，"朝鲜鼓"效果文本框中间多了一个粉色的菱形部件，使用鼠标按住这个部件拖动，可以调整文字的渐变弧度，如图 6-17 所示。

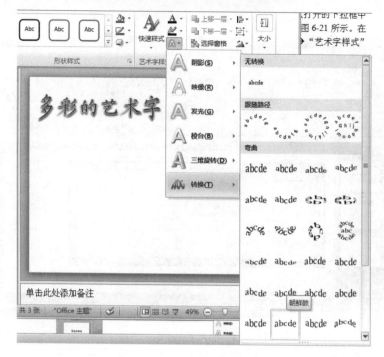

图 6-16 为艺术字添加文本效果

图 6-17 调整艺术字文字的渐变弧度

（2）插入音频

插入音频的方法如下。

① 打开"插入"选项卡，在"媒体"选项组中单击"音频"下拉按钮，选择"文件中的音频"。

② 在打开的"插入音频"对话框中指定一个硬盘上存储的.mp3、.wav 或.wma 格式的音频文件，确认后会在当前幻灯片中添加一个喇叭图标，如图 6-18 所示。单击该图标，可以在下方显示音频播放控制菜单。

通过对"音频选项"进行设置可以满足不同的播放要求。选中添加的声音图标，选择"音频工具"→"播放"→"音频选项"命令，如图 6-19 所示。其中各选项的含义如下。

● 放映时隐藏：放映时不显示喇叭图标。

● 循环播放，直到停止：声音循环播放，直到演示文稿播放结束。

● 开始（自动）：切换到添加声音的幻灯片时，自动播放，当前幻灯片换页时停止。

● 开始（单击时）：声音的播放必须依靠单击手动播放，当前幻灯片换页时停止，不能与"放映时隐藏"选项组合使用，否则不能响应单击播放命令。

● 开始（跨幻灯片播放）：自动播放，且当前幻灯片换页后依然继续。可以把声音插入到第一张幻灯片，并设置此项，作为演示文稿的背景音乐。

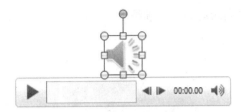

图 6-18 音频图标

图 6-19 "音频选项"设置

（3）插入视频

视频的插入和设置基本与插入音频类似，参考插入音频的方法进行视频插入。

## 8．设置动画

演示文稿的动画效果分为幻灯片切换动画和对象自定义对象动画两种，前一种动画效果用于整张幻灯片，后一种用于幻灯片中的一个对象，如文本框、图片、表格等。

（1）幻灯片切换动画

选中一张需要设置切换动画的幻灯片，在"切换"选项卡的"切换到此幻灯片"选项组中单击右下角的下拉箭头，在菜单中选取一种效果，如"涟漪"，如图 6-20 所示。

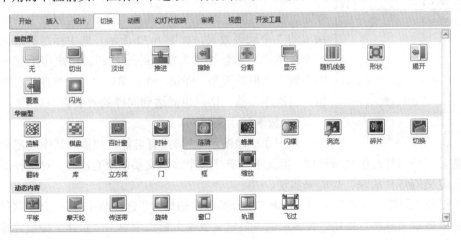

图 6-20 设置幻灯片切换动画

（2）自定义对象动画

以"古诗欣赏"幻灯片为例，在设置对象动画时，首先选中一个要添加动画的对象。选中左侧"题西林壁"文本框，在"动画"选项卡的"动画"选项组中单击右下角的下拉箭头，会出现如图 6-21 所示的动画列表，在其中选择"更多进入效果"→"温和型"→"上浮"；也可以单击"动画"选项卡中"高级动画"选项组的"添加效果"下三角按钮。

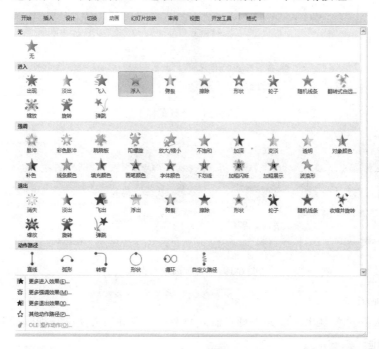

图 6-21  对象动画窗口

图 6-22  调整动画次序

在幻灯片标题上添加"淡出"效果，在右侧文本框添加与左侧对称的效果，也设置为"上浮"效果。接着需要对动画播放次序进行调整。

单击"动画"选项卡中"高级动画"选项组的"动画窗格"按钮，观察右侧出现的"动画窗格"窗口，其列表中列出了已经添加的 3 个动画效果，如图 6-22 所示。选中标题的效果，即第二个，单击"重新排序"左侧的按钮，将次序上移一格。选中左侧文本框的效果，即第一个，单击"重新排序"右侧的按钮，将次序下移一格，也能达到同样的效果。

**9. 放映演示文稿**

用户在放映演示文稿时，有可能希望播放其中的部分幻灯片或希望临时调整幻灯片的播放次序，但又不想破坏整个演示文稿的原有次序。对这种需求可以使用"自定义幻灯片放映"功能来实现。

（1）打开"幻灯片放映"选项卡，单击"开始放映幻灯片"选项组中"自定义幻灯片放映"选项下的"自定义放映"按钮，在弹出的"自定义放映"窗口中单击"新建"按钮，弹出"定义自定义放映"对话框。

（2）输入幻灯片放映名称"临时播放"，依次在左侧的列表中选择需要播放的幻灯片，单击"添加(A)>>"按钮，原演示文稿中的幻灯片即被添加到自定义放映中，即右侧的列表中。如果需要删除已添加的幻灯片，在右侧列表中单击选择，再单击"删除（R）"按钮即可，如图 6-23 所示。

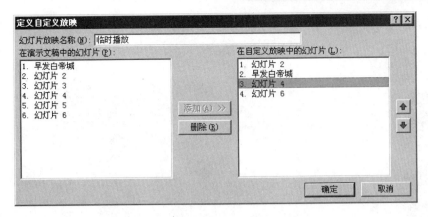

图 6-23　"定义自定义放映"对话框

（3）需要播放的幻灯片添加完毕后，还可以改变其播放次序。在右侧列表中选中要调整次序的幻灯片，单击 ⬆ 或 ⬇ 按钮调整次序即可。设置结束后单击"确定"按钮保存自定义放映。

（4）单击"开始放映幻灯片"选项组中的"自定义幻灯片放映"按钮时，会出现一个下拉菜单，单击"临时播放"命令即可播放。

## 三、思考题

1．如何在幻灯片中输入竖排文字？
2．如何在 PowerPoint 2010 中插入一个 5 行 6 列的表格？
3．如何为演示文稿添加播放时的背景音乐？
4．如何使幻灯片中的文本框在播放时以心形轨迹出现？
5．如何使演示文稿在播放时只播放奇数页？

## 实验二　PowerPoint 2010 综合应用实例

## 一、实验目的

1．熟练掌握创建和编辑幻灯片。
2．熟练掌握插入艺术字、音频和视频文件。
3．熟练掌握超链接及动画技术。
4．熟练掌握演示文稿的放映。

## 二、实验内容及步骤

（1）根据个人准备的图片风格选择恰当的主题。打开"设计"选项卡，在"主题"组中挑选主题"顶峰"，并新建若干空白幻灯片。

（2）设计首页。在首页上将标题设置为艺术字体，旋转效果为"前进后远"，添加一张标志型教堂风格图片，插入音乐文件"欢乐颂.mp3"，如图 6-24 所示。

图 6-24　首页

（3）设计第二张幻灯片。此页作为演示文稿的目录。将一张教堂图片放在左侧，将教堂名称列在幻灯片右侧。设置图片进入动画效果为"淡出"，设置文本框进入动画效果为右侧"飞入"，如图 6-25 所示。

图 6-25　第二张幻灯片

（4）设计第三张幻灯片。第三张幻灯片为圣保罗大教堂的介绍页面，在此页中插入两张圣保罗大教堂的图片，分别位于左下方和右上方，在左上角放置教堂名称，右下角放置教堂简介。同时选中两张图片。设置进入动画为"棋盘"，设置简介文本框进入效果为"翻转式由远及近"，如图 6-26 所示。

图 6-26　第三张幻灯片

（5）设置链接。第三张幻灯片需要与目录页关联起来。返回到目录页，选中文本框中的"圣保罗大教堂"，打开"插入"选项卡，单击"链接"选项组中的"超链接"按钮。文字"圣保罗大教堂"需要链接到当前演示文稿中的第三张幻灯片，因而选中左侧"链接到："列表中的"本文档中的位置（A）"，如图 6-27 所示。在界面中间的"请选择文档中的位置（C）:"列表中选择"3. 圣保罗大教堂"，右侧出现该幻灯片的预览效果，单击"确定"按钮，链接即被插入。

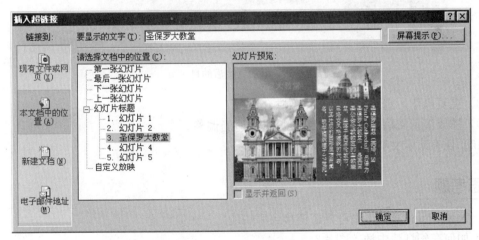

图 6-27　插入超链接

（6）参照第三张幻灯片的设计方式，继续新建其他教堂的幻灯片，并设置动画效果，如图 6-28 所示。

（7）参照第（5）步的设置方式在目录页中为新增的教堂介绍幻灯片添加链接，效果如图 6-29 所示。

图 6-28　第四张幻灯片

图 6-29　添加链接后的目录页

（8）重复操作，直至完成所有的教堂介绍。

（9）播放演示文稿，预览整体效果，进行适当调整。

（10）保存演示文稿。

## 三、思考题

1．PowerPoint 演示文稿可以超链接到哪些地方？如何设置？

2．如何在幻灯片中插入图片？

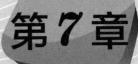

# 第7章

# Access 2010 的使用

实验    学生成绩管理数据库的设计

## 一、实验目的

1. 了解数据库的概念。
2. 掌握在 Access 2010 中创建数据库和表的方法。
3. 掌握在 Access 2010 中进行表字段设计以及主键设置的方法。
4. 掌握在 Access 2010 中创建表关系的方法。

## 二、实验内容及步骤

### 1. 数据库的分析与设计

学生成绩管理系统可以用来管理学生信息、课程信息及成绩信息。本实验的任务是创建一个学生成绩管理数据库，用来对学生成绩管理系统中的数据进行存储。

利用关系数据库的特征，可将学生成绩管理设计为一个数据库，它包含 3 张数据表。

（1）学生基本信息表

学生基本信息表主要描述学生的基本信息，其结构如表 7-1 所示。

表 7-1    学生基本信息表

| 字 段 名 | 字 段 类 型 | 字 段 长 度 | 说 明 |
| --- | --- | --- | --- |
| 学号 | 文本 | 10 | 主键 |
| 姓名 | 文本 | 8 | |
| 性别 | 文本 | 2 | |
| 出生日期 | 日期 | 8 | |

续表

| 字　段　名 | 字　段　类　型 | 字　段　长　度 | 说　明 |
|---|---|---|---|
| 政治面貌 | 文本 | 10 | |
| 班级 | 文本 | 20 | |
| 系部 | 文本 | 20 | |

（2）课程信息表

课程信息表主要描述课程的相关信息，其结构如表 7-2 所示。

表 7-2　课程信息表

| 字　段　名 | 字　段　类　型 | 字　段　长　度 | 说　　明 |
|---|---|---|---|
| 课程 ID | 文本 | 6 | 主键 |
| 课程名称 | 文本 | 26 | |
| 学时 | 数字 | 3 | |
| 学分 | 数字 | 2 | |

（3）成绩表

成绩表主要记录学生的各门课成绩，其结构如表 7-3 所示。

表 7-3　成绩表

| 字　段　名 | 字　段　类　型 | 字　段　长　度 | 说　　明 |
|---|---|---|---|
| 学号 | 文本 | 10 | 复合主键 |
| 课程 ID | 文本 | 6 | 复合主键 |
| 成绩 | 数字 | 6 | 2 位小数 |

**2．创建数据库**

（1）启动 Access 2010，在"文件"选项卡中选择"新建"命令后，窗口中会出现"空数据库"界面，如图 7-1 所示。

图 7-1　创建空数据库

在"空数据库"界面中，将新数据库命名为"学生成绩管理数据库"，设定相应的存储位置。

（2）单击"创建"按钮，完成新数据库的创建。

### 3. 创建数据表

（1）创建完数据库后，会自动打开数据库工作界面，此时功能区显示的是"数据表"视图，如图7-2所示。

图7-2 数据表视图

（2）切换到表的"设计视图"。在"开始"选项卡的"视图"组中单击"视图"下拉按钮，在弹出的下拉菜单中选择"设计视图"。

若是第一次使用设计视图来创建表，则当单击"设计视图"时，会弹出"另存为"对话框，此时需要输入表名"学生基本信息表"，如图7-3所示，单击"确定"按钮后，才能打开"设计视图"界面。

（3）进入"设计视图"后，为"学生基本信息表"添加相应的字段，设置字段属性，如图7-4所示。

| 学生基本信息表 | |
| --- | --- |
| 字段名称 | 数据类型 |
| 学号 | 文本 |
| 姓名 | 文本 |
| 性别 | 文本 |
| 出生日期 | 日期/时间 |
| 政治面貌 | 文本 |
| 班级 | 文本 |
| 系部 | 文本 |

图7-3 "另存为"对话框                 图7-4 学生基本信息表设计

（4）完成后，单击"快速访问工具栏"中的"保存"按钮 █ 完成"学生基本信息表"的设计。

#### 4. 设置表的主键

为"学生基本信息表"设置相应的主键。设置主键的方式如下。

（1）单一字段（主键只包括一个字段）的主键设置

方法一：在表的"设计视图"中，将光标移到需要设置为主键的字段的左边，单击鼠标右键，在弹出的菜单中选择"主键"命令。

方法二：单击将需要设置为主键的字段选中，然后单击功能区的 ![主键] 图标。

（2）多字段的主键设置（主键包括多个字段）

按住 Ctrl 键不放，依次单击选中要设置为主键的字段，最后单击鼠标右键，在弹出的菜单中选择"主键"命令，或单击功能区的 ![主键] 图标。

将"学生基本信息表"中的"学号"字段设为本表的主键，完成后，在"学号"字段前会出现一个 ![钥匙] 图标，如图 7-5 所示。

完成后单击"快速启动工具栏"中的"保存"按钮 ![保存] 保存。

#### 5. 创建其他两个表

（1）创建好第一个表后，打开"创建"选项卡，在"表格"组单击"表"按钮，如图 7-6 所示，创建一个新的表。

| 学生基本信息表 | |
| --- | --- |
| 字段名称 | 数据类型 |
| 🔑 学号 | 文本 |
| 姓名 | 文本 |
| 性别 | 文本 |
| 出生日期 | 日期/时间 |
| 政治面貌 | 文本 |
| 班级 | 文本 |
| 系部 | 文本 |

图 7-5　主键设置成功界面

图 7-6　"表格"组

（2）按同样的方式完成"课程信息表"的设计，见图 7-7，并为其设置相应的主键。

| 课程信息表 | |
| --- | --- |
| 字段名称 | 数据类型 |
| 🔑 课程ID | 文本 |
| 课程名称 | 文本 |
| 学时 | 数字 |
| 学分 | 数字 |

图 7-7　课程信息表设计

（3）按同样的方式完成"成绩表"的设计，见图 7-8，并为其设置相应的主键。

| 成绩表 | |
| --- | --- |
| 字段名称 | 数据类型 |
| 🔑 学号 | 文本 |
| 🔑 课程ID | 文本 |
| 成绩 | 数字 |

图 7-8　成绩表设计

**6. 为表添加相应的记录**

（1）在 Access 2010 界面左侧有导航窗格，如图 7-9 所示，在导航窗格中的"所有 Access 对象"栏中双击"学生基本信息表"，打开"学生基本信息表"。

（2）在窗体的右侧会出现"学生基本信息表"的数据表视图，为该表添加相应的数据，如图 7-10 所示，添加完成后单击"快速启动工具栏"中的保存按钮 保存。

图 7-9　所有表导航窗格

| 学号 | 姓名 | 性别 | 出生日期 | 政治面貌 | 班级 | 系部 |
|---|---|---|---|---|---|---|
| 20146001 | 陈明 | 男 | 1995-5-1 | 团员 | 计算机61401 | 信息系 |
| 20146002 | 邓锐 | 男 | 1994-2-8 | 团员 | 计算机61401 | 信息系 |
| 20146003 | 范思强 | 男 | 1994-3-8 | 团员 | 计算机61401 | 信息系 |
| 20146004 | 胡立 | 女 | 1995-6-3 | 团员 | 计算机61401 | 信息系 |
| 20146005 | 黄晶 | 女 | 1994-12-4 | 团员 | 计算机61401 | 信息系 |
| 20146006 | 林欣 | 男 | 1996-2-12 | 团员 | 自动化61401 | 信息系 |
| 20146007 | 刘罗来 | 男 | 1994-3-4 | 党员 | 自动化61401 | 信息系 |
| 20146008 | 罗斯奇 | 女 | 1995-9-15 | 党员 | 自动化61401 | 信息系 |
| 20146009 | 王涛 | 男 | 1994-11-21 | 团员 | 自动化61401 | 信息系 |
| 20146010 | 王宇 | 女 | 1995-2-22 | 团员 | 自动化61401 | 信息系 |

图 7-10　学生基本信息表

（3）用同样的方法为其他两个表添加数据，见图 7-11 和图 7-12。

| 课程ID | 课程名称 | 学时 | 学分 |
|---|---|---|---|
| 2014001 | 计算机基础 | 64 | 4 |
| 2014002 | 高等数学 | 80 | 5 |
| 2014003 | 大学英语 | 64 | 4 |
| 2014004 | 体育 | 48 | 3 |

图 7-11　课程信息表

| 学号 | 课程ID | 成绩 |
|---|---|---|
| 20146001 | 2014001 | 90 |
| 20146002 | 2014001 | 78 |
| 20146003 | 2014001 | 87 |
| 20146001 | 2014002 | 93 |
| 20146002 | 2014002 | 45 |
| 20146003 | 2014002 | 85 |
| 20146001 | 2014003 | 85 |
| 20146002 | 2014003 | 67 |
| 20146003 | 2014003 | 90 |

图 7-12　成绩表

（4）完成后单击"快速启动工具栏"中的"保存"按钮 保存。

**7. 创建表之间的关系**

（1）打开"数据库工具"选项卡。在"关系"选项区中单击"关系"按钮，如图 7-13 所示，可以打开"关系"窗格，并弹出"设计"选项卡。

（2）单击"设计"选项卡中"关系"选项区的"显示表"按钮，如图 7-14 所示。

图 7-13　"关系"按钮　　　　图 7-14　"显示表"按钮

（3）这时会弹出"显示表"对话框，把需要添加关系的表选中，这里将 3 个表全部选中（按住 Ctrl 键，单击 3 张表名），如图 7-15 所示，单击"添加"按钮。

图 7-15 "显示表"对话框

（4）单击"关闭"按钮，这时 3 个表会出现在"关系"窗格中。

（5）单击"设计"选项卡"工具"功能区的"编辑关系"按钮，如图 7-16 所示，弹出"编辑关系"对话框，如图 7-17 所示。

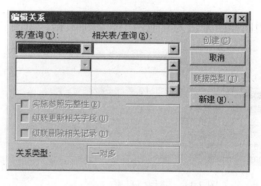

图 7-16 "编辑关系"按钮　　　　　　图 7-17 "编辑关系"对话框

（6）单击"新建"按钮，在弹出的"新建"对话框中通过下拉列表选择需要的选项，然后单击"确定"按钮即可。

为 3 张表添加如下两种关系。

① 关系一。

主表（左表）"学生基本信息表"，主键为"学号"。

从表（右表）"成绩表"，外键"学号"。

具体如图 7-18 和图 7-19 所示。

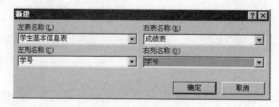

图 7-18 "新建"对话框 1

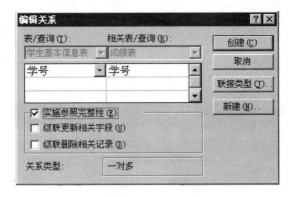

图 7-19 "编辑关系"对话框 1

② 关系二。

主表（左表）"课程信息表"，主键为"课程 ID"。

从表（右表）"成绩表"，外键为"课程 ID"。

具体如图 7-20 和图 7-21 所示。

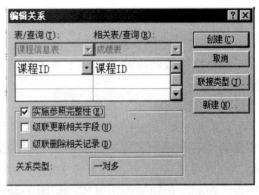

图 7-20 "新建"对话框 2                    图 7-21 "编辑关系"对话框 2

（7）单击"创建"按钮后，会返回到 Access 的关系界面，出现 3 张表，并显示它们的关系，如图 7-22 所示。

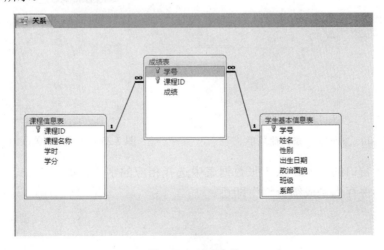

图 7-22 关系窗格

（8）设置好表与表之间的关系后，单击"快速启动工具栏"中的"保存"按钮🔲进行保存。

相关表的"数据表视图"会发生如图 7-23 所示的变化，每条记录可显示与之相关联的相关表中的数据。

| 学生基本信息表 | | | | | |
|---|---|---|---|---|---|
| 学号 ▾ | 姓名 ▾ | 性别 ▾ | 出生日期 ▾ | 政治面貌 ▾ | 班级 ▾ |
| 20146001 | 陈明 | 男 | 1995-5-1 | 团员 | 计算机61401 |

| 课程ID ▾ | 成绩 ▾ | 单击以添加 ▾ |
|---|---|---|
| 2014001 | 90 | |
| 2014002 | 93 | |
| 2014003 | 85 | |
| * | | |

| 20146002 | 邓锐 | 男 | 1994-2-8 | 团员 | 计算机61401 |
|---|---|---|---|---|---|
| 20146003 | 范思强 | 男 | 1994-3-8 | 团员 | 计算机61401 |
| 20146004 | 胡立 | 女 | 1995-6-3 | 团员 | 计算机61401 |
| 20146005 | 黄晶 | 女 | 1994-12-4 | 团员 | 计算机61401 |
| 20146006 | 林欣 | 男 | 1996-2-12 | 团员 | 自动化61401 |
| 20146007 | 刘罗来 | 男 | 1994-3-4 | 党员 | 自动化61401 |
| 20146008 | 罗斯奇 | 女 | 1995-9-15 | 党员 | 自动化61401 |
| 20146009 | 王涛 | 男 | 1994-11-21 | 团员 | 自动化61401 |
| 20146010 | 王宇 | 女 | 1995-2-22 | 团员 | 自动化61401 |

图 7-23　增加关系后的数据表视图

**8. 修改与删除表关系**

在要修改或删除的关系线上单击鼠标右键，在弹出的菜单中单击想要选择的命令，如图 7-24 所示。

**9. 创建查询**

已有的成绩表中显示的是学生学号和课程 ID，而对于用户来说，希望在成绩表中显示学生的姓名和课程名称，需要创建多表的交叉查询。在"创建"选项卡的"查询"组中选择"查询向导"，在弹出的窗体中选择"学生基本信息表"、"成绩表"和"课程信息表"，单击"添加"按钮后关闭窗体，如图 7-25 所示。

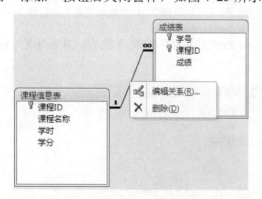

图 7-24　编辑表关系快捷菜单

图 7-25　选择查询关联的 3 张数据表

在查询设计窗口的下方，从 3 张数据表中选择相应的字段，如图 7-26 所示。

最后将查询保存为"成绩查询"即可。

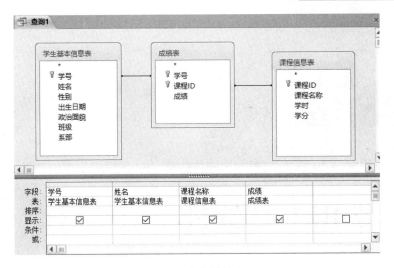

图 7-26　查询设计窗口

### 10．创建报表

首先在左侧对象列表中选择"成绩查询"，然后在"创建"选项卡的"报表"组中选择"报表"，显示报表的布局窗口，如图 7-27 所示。

| 学号 | 姓名 | 课程名称 | 成绩 |
|---|---|---|---|
| 20146001 | 陈明 | 计算机基础 | 90 |
| 20146002 | 邓锐 | 计算机基础 | 78 |
| 20146003 | 范思强 | 计算机基础 | 87 |
| 20146001 | 陈明 | 高等数学 | 93 |
| 20146002 | 邓锐 | 高等数学 | 45 |
| 20146003 | 范思强 | 高等数学 | 85 |
| 20146001 | 陈明 | 大学英语 | 85 |
| 20146002 | 邓锐 | 大学英语 | 67 |
| 20146003 | 范思强 | 大学英语 | 90 |

图 7-27　报表布局窗口

## 三、思考题

1．学生成绩管理数据库的数据表之间是什么关系？

2．Access 2010 中，数据库和数据表的创建方法有哪些？

# 第8章

# 常用工具软件

## 实验 常用软件的安装与使用

### 一、实验目的

1. 了解压缩软件 WinRAR 的安装与使用。
2. 了解虚拟光驱软件 Daemon Tools 的安装与使用。

### 二、实验内容及步骤

#### 1. WinRAR 的安装

WinRAR 是一款著名的压缩软件，也是装机必备软件之一，它能够压缩和解压缩文件或文件夹。下面介绍 WinRAR 的安装过程。

（1）准备好 WinRAR 安装文件。可以在互联网上很方便地找到 WinRAR 安装文件，WinRAR 的版本有很多，这里以 WinRAR 5.4 中文个人版为例，如图 8-1 所示。

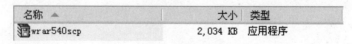

| 名称 ▲ | 大小 | 类型 |
|---|---|---|
| wrar540scp | 2,034 KB | 应用程序 |

图 8-1 WinRAR 5.4 安装文件

（2）双击打开 WinRAR 安装文件，出现如图 8-2 所示的 WinRAR 运行界面。

（3）在目标文件夹中选择软件的安装目录，如图 8-2 所示，默认情况下是 C:\Porgram Files\WinRAR；也可以单击"浏览"按钮，打开浏览文件夹对话框，从中选择一个新的安装目录；还可以直接在目标文件夹的地址栏中手动输入新的目录。这里选择默认的安装目录，单击"安装"按钮。

（4）图 8-3 所示是 WinRAR 安装过程，等待一会儿即可看到如图 8-4 所示的安装结束界面。

图 8-2　WinRAR 运行界面

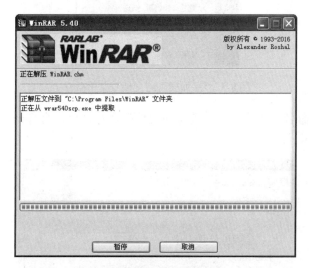

图 8-3　WinRAR 安装过程

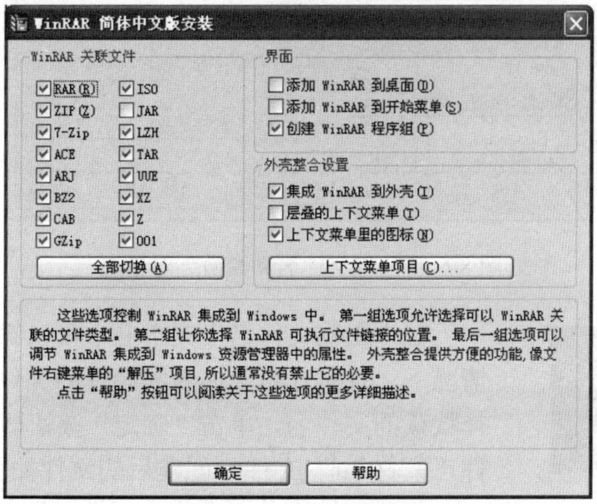

图 8-4　WinRAR 安装结束

图 8-4 中列出了 WinRAR 的关联文件，选择默认方式即可，单击"确定"按钮，即可完成 WinRAR 的安装。

WinRAR 软件安装成功之后，就可以使用该软件压缩文件或文件夹了。

**2．使用 WinRAR 压缩文件和文件夹**

WinRAR 的功能包括压缩文件和解压缩文件。通过压缩文件，不仅能减小文件的存储空间，也能很方便地对重要的文件进行备份。压缩文件的具体步骤如下。

（1）选择要压缩的文件，这里以桌面上的文件夹"素材"为例。使用鼠标右键单击"素材"文件夹，在打开的菜单中执行"添加到压缩文件"菜单命令，如图 8-5 所示。

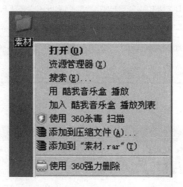

图 8-5 "添加到压缩文件"菜单命令

（2）给压缩文件命名。选择"添加到压缩文件"命令之后，会打开"压缩文件名和参数"对话框，如图 8-6 所示。

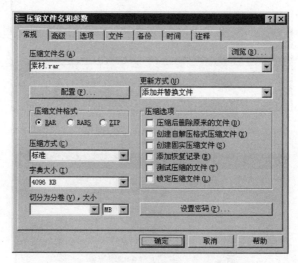

图 8-6 "压缩文件名和参数"对话框

图 8-7 创建的"素材.rar"文件

在"压缩文件名"文本框中可以输入新的文件名称。默认情况下，新的压缩文件名和选择的文件夹名是相同的，这里选择默认的文件名，单击"确定"按钮即可创建一个新的压缩文件"素材.rar"文件。创建后的文件如图 8-7 所示。

创建压缩文件（也称为压缩包）之后，可以打开这个压缩文件，看看压缩包里包括了哪些内容，双击该压缩包即可显示，如图8-8所示。

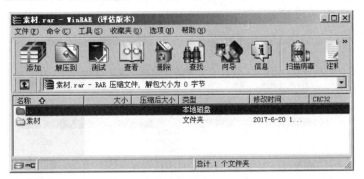

图 8-8　素材.rar 压缩包的内容

从图 8-8 中可以看到，该压缩包中只有一个"素材"文件夹，用户可以检查该文件夹是否与先前的文件夹内容相同。

除了可以压缩文件夹外，WinRAR 还可以压缩文件，压缩文件和压缩文件夹的方法一样，选中要压缩的文件，在打开的菜单中选择"添加到压缩文件"命令，如图8-9所示。

接下来的步骤与上述步骤一样，在打开的对话框中给新的压缩文件命名，再单击"确定"按钮，即可完成文件的压缩。

一个压缩包可以包含多个文件。

方法一：将多个文件放在一个文件夹内，接着将这个文件夹压缩。

方法二：选中要压缩的多个文件，右键单击并执行"添加到压缩文件"菜单命令，如图8-10所示。

接着给创建的压缩文件命名，单击"确定"按钮即可完成对多个文件的压缩。

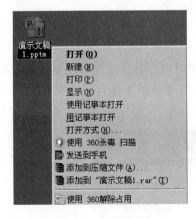
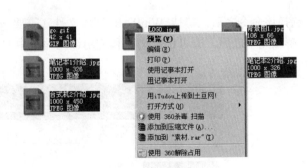

图 8-9　压缩文件　　　　　　　　图 8-10　压缩多个文件

### 3. 使用 WinRAR 解压缩文件

解压缩文件是指将一个压缩包（压缩文件）中的文件还原到压缩前的状态，也可以称为释放文件。

这里以桌面上的"素材.rar"文件为例，解压步骤如下。

（1）查看"素材.rar"的内容，双击该文件及内部文件夹，如图8-11所示。从图8-11中可以看到此压缩包中包括 13 个文件。

（2）解压缩文件，使用鼠标右键单击"素材.rar"文件，在打开的菜单中执行"解压到当前文件夹"命令，如图 8-12 所示。

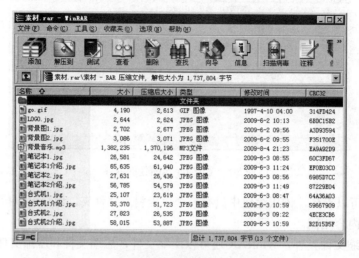

图 8-11 查看压缩包内容

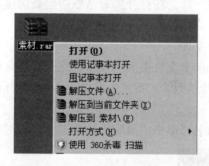

图 8-12 "解压到当前文件夹"命令

选择该命令之后，等待 WinRAR 解压文件（需要一段时间，具体时间与压缩包的大小有关），解压完毕之后，即可正常浏览和使用该压缩包中的文件了。解压缩之后的文件如图 8-13 所示。

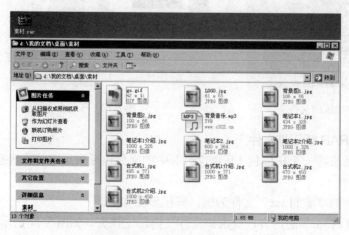

图 8-13 解压缩之后的文件

### 4. 使用 Daemon Tools 制作光盘映像

Daemon Tools 是一个操作简便、应用广泛的虚拟光驱软件。下面介绍如何利用 Daemon Tools 制作映像文件。制作映像的具体操作步骤如下。

（1）启动 Daemon Tools 主界面。将数据光盘放入计算机的物理光驱中。

（2）单击 Daemon Tools 主界面中的"制作光盘映像"按钮 ，弹出"光盘映像"对话框，如图 8-14 所示。

（3）设置映像文件存储路径和文件名"E:\imath 6A.mdx"。设置完毕后，单击"开始"按钮，打开"光盘映像进度"界面。完成后，打开映像文件路径查看，已成功生成映像文件 imath 6A.mdx。

### 5. 使用 Daemon Tools 浏览光盘映像

打开 Daemon Tools 主界面，如图 8-15 所示，单击"添加 DT 虚拟光驱"按钮 ，添加虚拟驱动器设备，如列举在主界面中的"DT-0"、"DT-1"、"DT-2"。单击

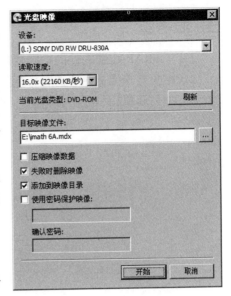

图 8-14 "光盘映像"对话框

"添加映像"按钮 ，可以将虚拟映像文件添加到主界面的"映像目录"中，如"Microsoft Office 2010 免序列号专业正式版.iso"等。

在"映像目录"中选择映像文件"Microsoft Office 2010 免序列号专业正式版.iso"，选择一个虚拟驱动器"DT-0"，单击"载入"按钮 ，可以将映像文件装载到目标驱动器中。如图 8-15 所示，已经成功在"DT-0"和"DT-1"中载入了映像文件。

图 8-15 Daemon Tools 主界面

在"计算机"中找到已创建的装有光盘映像的虚拟光驱，双击可以开始浏览光盘映像内容。

## 三、思考题

1. WinRAR 压缩文件的扩展名是什么？
2. 常见的映像文件的扩展名有哪些？
3. 如何卸载应用程序？

# 第*9*章

## 网络的基本应用

### 实验一　Internet 的接入

## 一、实验目的

1. 了解 Modem 的作用。
2. 掌握使用 ADSL 方式连接网络。

## 二、实验内容及步骤

目前，上网的方式有很多，下面主要介绍常用的接入方式：ADSL 宽带上网。

### 1. 开通宽带

一般情况下，用户可以通过以下两种途径申请开通宽带。

（1）携带有效证件（个人用户携带电话机主身份证，单位用户携带公章），直接到受理 ADSL 业务的当地电信局申请。

（2）登录当地电信局推出的办理 ADSL 业务的网站进行在线申请。

### 2. 设置客户端

用户申请过 ADSL 服务后，当地的 ISP 员工会主动上门安装 ADSL Modem，并配置好上网设置。当然还需要用户安装网络拨号程序，并设置上网客户端。

ADSL 拨号软件有很多，使用最多的是 Windows 系统自带的拨号程序。下面详细介绍安装与配置客户端的具体操作步骤。

（1）打开"网络和共享中心"窗口。

方式一：在"网络"图标上单击鼠标右键，在打开的菜单中选择"属性"命令，打开"网络和共享中心"窗口。

　　方式二：单击"开始"按钮，在弹出的"开始"菜单中选择"控制面板"命令，打开"控制面板"窗口，双击"网络和 Internet"选项，打开"网络和共享中心"窗口。

　　单击"更改网络设置"中的"设置新的连接或网络"，弹出"设置连接或网络"对话框，如图 9-1 所示，选择"连接到 Internet"，单击"下一步"按钮。

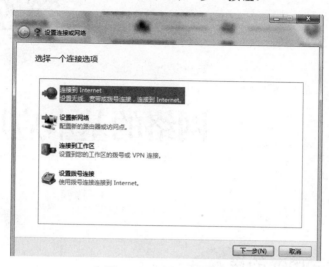

图 9-1　设置连接或网络

（2）弹出如图 9-2 所示的"连接到 Internet"对话框。

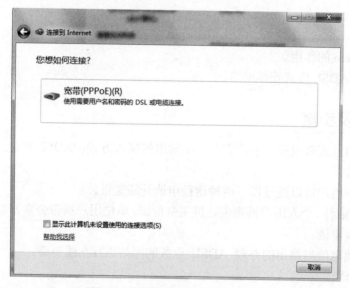

图 9-2　"连接到 Internet"对话框

（3）双击图 9-2 中的"宽带(PPPoE)(R)"选项，弹出如图 9-3 所示的对话框。

（4）将网络提供商提供的用户名和密码依次输入文本框，单击"连接"按钮。

（5）单击"完成"按钮完成设置。

（6）在"网络和共享中心"对话框的"查看活动网络"中双击"本地连接"，根据网络供应商提供的 IP、子网掩码、默认网关、DNS 进行设置。目前，拨号连接方式下，网络提供商会提供连接服务，用户可以直接使用。

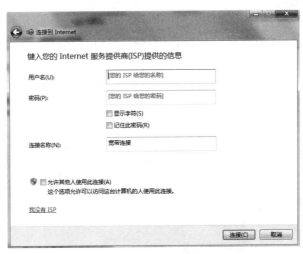

图 9-3　Internet 服务提供商信息对话框

**3．实验总结**

要求熟练使用网络连接向导连接网络。

## 三、思考题

如果使用无线连接方式联网，如何设置客户端？

## 实验二　IE 浏览器的使用

## 一、实验目的

1．熟悉 IE 浏览器的工作界面。

2．掌握通过 IE 浏览器访问网站。

3．掌握 IE 浏览器中主页的设置、收藏夹的使用、网页的保存等。

## 二、实验内容及步骤

### 1．打开 IE 浏览器（以 IE 11 为例）

启动 IE 浏览器的常用方法有以下几种。用户可以根据实际情况，选择其中的一种方法来启动 IE。

（1）单击任务栏的"开始"按钮，单击"Internet Explorer"命令。

（2）双击桌面上的 Internet Explorer 图标"   "。

另外，如果任务栏上的"快速启动栏"处有 IE 图标，单击 IE 图标也可以启动 IE 浏览器。

### 2．设置主页

打开浏览器后，一般系统默认的起始页是微软中国公司的网页，下面将"http://www.bao123.com/"设置为主页。

方法一：

（1）在菜单栏中的"工具"菜单上单击"Internet 选项"命令，弹出"Internet 选项"对话框，如图9-4所示。

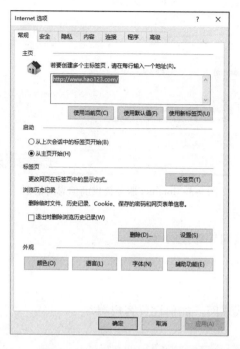

图9-4 "Internet 选项"对话框

（2）默认打开"常规"选项卡，在"主页"区域的文本框中删掉原来的地址，输入想要设置的主页的地址 "http://www. hao123.com/"。

（3）单击"确认"或"应用"按钮即提交修改。

（4）关闭"Internet 选项"对话框，即设置完成。

方法二：

（1）在 IE 浏览器的地址栏中输入想要设置的主页的地址"http://www.hao123.com/"，按回车键，即进入页面。

（2）在菜单栏中的"工具"菜单中单击"Internet 选项"，弹出"Internet 选项"对话框，如图 9-4 所示。单击主页区域中的"使用当前页"按钮，则此时地址区域中的地址就变成了"http://www.hao123.com/"。

（3）单击"确认"或"应用"按钮即提交修改。

（4）关闭"Internet 选项"对话框，即设置完成。

**3. 将网页添加到收藏夹**

方法一：快速收藏网址（将网页添加到链接栏）。

（1）打开 IE 浏览器后，在地址栏中输入要收藏的目标地址，如"http://www.microsoft.com/zh-cn"，按回车键，打开该网页，如图9-5所示。

（2）把 IE 窗口地址栏前面的 Web 地址图标（如示例网页的地址前图标" ▦ |"）直接拖曳到收藏栏上的"添加到收藏夹栏"按钮上，此时鼠标下方有一个小箭头，松开鼠标即可添加成功。或者直接单击收藏栏上的"添加到收藏夹栏"按钮，如图9-6所示。

图 9-5 收藏的示例网页

图 9-6 快速收藏示例网页

方法二：完成方法一中的第（1）步之后，直接单击菜单栏上的"收藏夹"，选择"添加到收藏夹"或"添加到收藏夹栏"命令。

**4．保存网页**

脱机收藏夹功能已经从 IE11 中删除。如果要脱机阅读 Web 内容，可以使用收藏夹将该站点的全部内容下载到本地硬盘，然后进行脱机浏览。具体实现步骤如下。

（1）首先打开该 Web 地址，在菜单栏上选择"文件"中的"另存为"命令，弹出"保存网页"对话框，如图 9-7 所示。

（2）用户要自定义保存路径时，在"文件名"文本框中，输入要保存网页的名称（用户可以自定义）。例如，命名为"Microsoft-官方网站"。

（3）在"保存类型"中通过下拉按钮选择需要的类型。如果要保存显示该网页所需的全部文件，包括图形、框架和样式表，应选择"网页，全部"，该选项将按原始格式保存所有文件；如果要将显示该网页所需的全部信息保存到一个文件中，应选择"Web 档案，单个文件"，该选项将保存当前网页的快照；如果只保存当前的 HTML 页，应选择"网页，仅 HTML"，该选项将保存网页信息，但不保存图形、声音或其他文件；如果只保存当前网页的文本，应选择"文本文件"，该选项将以文本格式保存网页信息。

图 9-7　"保存网页"对话框

（4）单击"保存"按钮。用户可以在本机的收藏夹中查看到该网页文件，如图 9-8 所示。在脱机情况下，双击网页文件，即可打开该网页。

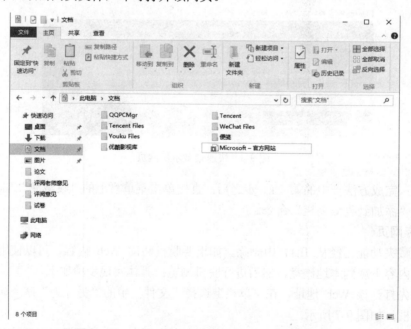

图 9-8　保存后的网页

### 5. 实验总结

总结使用 IE 浏览网页时设置主页、添加到收藏夹及保存网页的方法。

## 三、思考题

1．如何使用除 IE 以外的浏览器浏览网页，并实现本次实验的内容，分析它们的不同。推荐选用"遨游""火狐"等浏览器。

2．如何在脱机情况下浏览网页信息，了解保存网页时几种不同保存类型的差异。

## 实验三　电子邮箱的使用

## 一、实验目的

1．了解应用电子邮件的相关常识。

2．掌握电子邮箱的注册和使用（包括添加附件）方法。

## 二、实验内容及步骤

### 1．注册邮箱

要使用电子邮件，首先要有一个电子邮箱。一般情况下，如果对电子邮件的安全或容量没有特别高的要求，可以申请一个免费的电子邮箱。如果对邮件的安全性或容量要求很高，可使用各个邮箱服务提供商的付费邮箱。下面以利用网易提供的电子邮箱服务申请一个免费邮箱为例。

（1）首先打开浏览器（IE），在 IE 浏览器的"地址栏"输入网易的网址 www.163.com，打开网易的主页，如图 9-9 所示。在窗口的上方看到链接文本"注册免费邮箱"。

图 9-9　网易主页

（2）单击链接"注册免费邮箱"，进入"注册网易免费邮箱"页面，如图 9-10 所示。在"创建您的账号"区域填写相关信息（在输入用户名后，页面会自动检验用户名是否可用；在"@"后会弹出网易提供的三类免费邮箱选项，这里以 163 邮箱为例）。

（3）按注册向导输入必须填写的用户信息、密码、生日、性别等，阅读完"注意条款"后，单击"同意条款"。如果信息填写符合规则，将顺利完成邮箱注册，服务器会返回一个"注册成功"的页面，图 9-11 是该页面的部分截图。

图 9-10　注册页面

图 9-11　注册成功页面部分截图

至此，已经有了自己的新电子邮箱地址了，可以利用它随时发送邮件和接收邮件了。

QQ 邮箱也是免费邮箱，QQ 软件提供 QQ 邮件服务，拥有一个 QQ 账号，同时也拥有了一个免费的邮箱。QQ 邮箱也是当今比较流行的邮箱。

**2．写邮件**

（1）登录邮箱（以注册的用户为例）。

用上面介绍的方法进入网易主页，单击"登录"链接，会弹出一个对话框，分别在对应的文本框中输入邮箱地址和密码，如图 9-12 所示。

然后输入用户名和密码，用户可以根据自己的需要选择是否记住用户名等。

（2）单击"登录"按钮，进入邮箱主界面，局部截图如图 9-13 所示。

图 9-12　163 信箱登录界面

（3）单击"写信"，网站就会跳转到写信界面，依次填写"收件人""主题"，还可以选择信纸等，然后就开始书写信件的正文了，如图 9-14 所示。

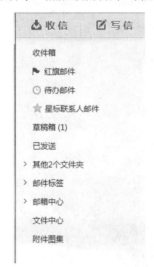

图 9-13　用户操作区的局部截图　　　　　　　　　　　　　　图 9-14　书写信件

还可以添加附件，步骤如下：单击"添加附件"，在"选择文件"对话框中选择想要发送给对方的文件后，单击"打开"按钮，该附件就添加到了信件中，在"附件"下会显示添加的文件的"名称"，可以添加多个"附件"，一起发送给对方。

**3. 发送邮件**

单击"发送"按钮，如果邮件地址存在且准确，发送成功后将会反馈成功信息。如图 9-15 所示。

图 9-15　发送成功后的界面

#### 4．接收并查看邮件

根据以上方法登录邮箱，进入邮箱主界面，在用户操作界面区，查看收件箱，便可查看邮件，如需下载附件，直接单击附件下载即可。

#### 5．实验总结

要求注册一个免费电子邮箱，并掌握邮箱的基本使用方法。

## 三、思考题

1．电子邮箱不仅可以发送普通邮件，还可以发送设计精美的贺卡、音乐等，如何用电子邮箱发送一张贺卡？

2．如果需要向班上的每位同学都发送一封相同的信件，该如何操作？有哪些方法？哪一种效率最高？

## 实验四　常见搜索引擎的使用

## 一、实验目的

1．了解几种常用的搜索引擎。

2．了解搜索引擎的基本功能。

3．掌握几种常用搜索引擎的使用方法。

## 二、实验内容及步骤

下面以百度搜索引擎为例，说明搜索引擎的使用方法。

（1）打开搜索引擎。打开浏览器（IE），输入"www.baidu.com"，进入百度主页。

（2）在搜索文本框中输入要搜索的关键字，如 QQ2017，如图 9-16 所示。

图 9-16　搜索"QQ2017"

（3）单击"百度一下"按钮，即搜索得到相关页面的链接，查找筛选，选择其中一个提供下载该软件的服务器，并打开链接，即得到该软件的下载页面，如图9-17所示。

图9-17　搜索结果

搜索引擎还可以检索图片、歌曲、数学表达式的值等。

**4．实验总结**

要求使用不同的搜索引擎检索用户需要的信息。

## 三、思考题

1．使用 Google 检索不同格式的歌曲。

2．在 Google 搜索界面中，计算数学表达式，例如 $2\pi+2^2$ 的值，应如何操作？提示：输入 2*pi+2^2。

# 第10章

## 常用办公设备的使用与维护

### 实验一　共享打印机和访问共享打印机

## 一、实验目的

1. 掌握将打印机设置为共享设备的操作方法。
2. 掌握访问已共享的打印机的方法。

## 二、实验内容及步骤

以 hp LaserJet 1000 为例介绍共享打印机和访问共享打印机的操作步骤。通过本实验，应该熟练地掌握如何设置与访问共享打印机。

### 1. 将打印机设置为共享设备

（1）单击"开始"按钮，在弹出的菜单中选择"设置"→"打印机和传真"菜单命令。

打开"打印机和传真"窗口，用鼠标右键单击选择需要共享的打印机，在弹出的快捷菜单中选择"属性"菜单命令，如图 10-1 所示。

（2）弹出"hp LaserJet 1000 属性"对话框，选择"共享"选项卡，然后选中"共享这台打印机"单选按钮，在"共享名"文本框中输入名称"hp LaserJet 1000"，设置完成之后，单击"确定"按钮，如图 10-2 所示。

（3）返回到"打印机和传真"窗口，此时可以看到选择共享的打印机上出现了共享图标，如图 10-3 所示。

### 2. 访问共享的打印机

（1）单击"开始"按钮，在弹出的"开始"菜单中选择"设置"→"打印机和传真"菜单命令，打开"打印机和传真"窗口，单击"添加打印机"按钮，如图 10-4 所示。

（2）弹出"添加打印机向导"对话框，单击"下一步"按钮，如图 10-5 所示。

图10-1　"属性"菜单命令

图10-2　设置属性

图10-3　显示共享图标

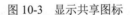

图10-4　"打印机和传真"窗口

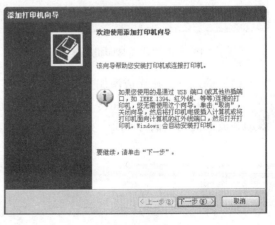

图10-5　"添加打印机向导"对话框

（3）进入"本地或网络打印机"界面，选中"网络打印机或连接到其他计算机的打印机"单选按钮，然后单击"下一步"按钮，如图10-6所示。

（4）进入"指定打印机"界面，选中"浏览打印机"单选按钮，如图10-7所示。

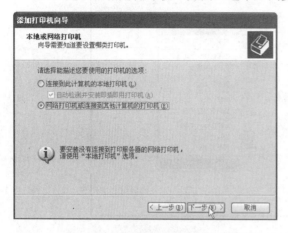

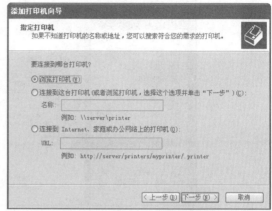

图10-6 "本地或网络打印机"界面          图10-7 "指定打印机"界面

（5）进入"浏览打印机"界面，在"共享打印机"列表中选择搜索到的打印机，单击"下一步"按钮，如图10-8所示。

（6）进入"默认打印机"界面，在"是否希望将这台打印机设置为默认打印机？"选项组中勾选"是"单选按钮，单击"下一步"按钮，如图10-9所示。

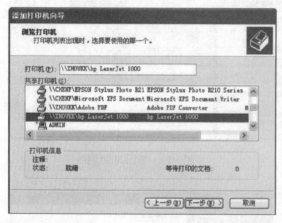

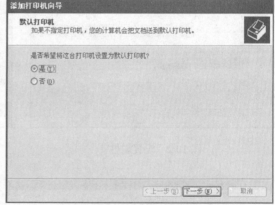

图10-8 "浏览打印机"界面          图10-9 "默认打印机"界面

（7）进入"正在完成添加打印机向导"界面，单击"完成"按钮，如图10-10所示。

（8）返回到"打印机和传真"窗口，可以看到网络打印机hp LaserJet 1000打印机已成功添加并被设置为默认打印机，如图10-11所示。

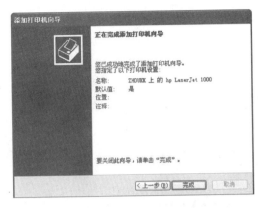

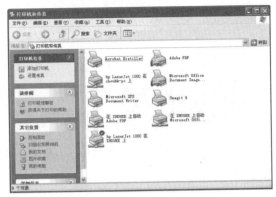

图 10-10　完成打印机的添加　　　　　图 10-11　"打印机和传真"窗口

## 三、思考题

1．根据本实验过程，总结设置和访问共享打印机的方法。
2．研究在其他操作系统下设置和访问共享打印机的操作方法有什么不同？

## 实验二　复制光盘

## 一、实验目的

1．掌握将光盘中的内容复制为光盘镜像文件的操作方法。
2．掌握刻录空白光盘的操作方法。

## 二、实验内容及步骤

本实验首先使用 Nero 的光盘复制功能将一张光盘中的内容复制为光盘镜像文件，然后将其刻录到其他多张空白光盘中。

（1）在桌面上双击 Nero StartSmart 快捷方式图标，打开 Nero StartSmart 窗口。
（2）将鼠标指针放置在"数据"图标上，单击"复制光盘"选项。
（3）插入光盘源盘。
（4）单击"复制"按钮，开始复制源盘中的内容。
（5）复制完成之后，插入的光盘源盘会自动从光驱中弹出。
（6）弹出"复制光盘"提示对话框，插入空白光盘。
（7）单击"加载"按钮，即可开始将原来光盘中的内容刻录到空白光盘中。
注明：由于许多微机缺省光盘驱动器，因此本实验作为选做内容。

## 三、思考题

1．根据本实验详细总结将光盘中的内容复制为镜像文件及刻录空白光盘的方法。
2．研究实验过程中出现的问题。

# 第11章

## Office 2010 综合应用

《《《《《

---

### 实验一　Office 2010 综合练习

## 一、实验目的

1．熟练掌握 Word 2010 文档中汉字与字符的输入、图形绘制、图片插入及各种排版技术等操作。

2．学会在 Excel 2010 中建立工作簿，并且熟练掌握数据的统计、分析与管理方法。

3．熟练掌握使用 PowerPoint 2010 制作各种演示文稿、设置动画效果及演示文稿放映的各种技术。

## 二、实验内容及步骤

### 1．Office 2010 综合练习（一）

（1）在 Word 2010 文档中绘制如图 11-1、图 11-2 所示的奥运五环和公章。

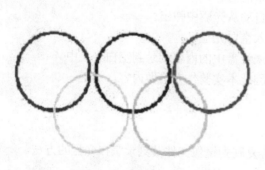

图 11-1　奥运五环

图 11-2　公章

（2）按以下要求制作演示文稿。

① 使用 PowerPoint 2010 做一个介绍母校的演示文稿，要求不少于 6 张幻灯片，每张幻灯片要有不同的元素，包括艺术字、文本框、图片、图形、表格（或图表）等，设计自定义动画和切换动画。

② 首张幻灯片主标题为"我的母校"，副标题有班级、姓名及制作时间。

③ 要求总体效果好，美观协调。

（3）新建 Excel 2010 文档，文件名为"学生成绩统计"。

① 根据图 11-3 所示的数据制作一个"学生成绩统计分析表"。

② 要运用公式和函数来计算各结果，包括总成绩、加权平均分、各科平均成绩、各科最高分和最低分。

③ 突出显示各科中为优秀（高于 90 分）的成绩，突出显示不及格的成绩。

④ 按班级将成绩分类汇总，求出各班加权平均分的最大值。

⑤ 用 if 函数计算总评成绩（按加权平均值），其中：≥90 分为优秀，80～90 分为良好，70～80 分为中等，60～70 分为及格，60 分以下为不及格。

⑥ 用 countif 函数计算总评成绩所占的百分比，如=COUNTIF(J4:J12,"不及格")。（注：本题选做）

⑦ 将学生成绩统计分析表中的考试成绩以数据点折线图形式表示出来，其数据区域横轴为学生姓名，计算机基础、高等数学和大学英语三门成绩情况作为图表的数据。图表标题设置为"期中考试成绩"。

⑧ 对完成后的工作表进行修饰。

| | A | B | C | D | E | F | G | H | I | J |
|---|---|---|---|---|---|---|---|---|---|---|
| 1 | 学生成绩统计分析表 | | | | | | | | | |
| 2 | 统计日期：2010/10/15 | | | | | | | | | |
| 3 | 班级 | 学号 | 姓名 | 性别 | 高等数学 | 大学英语 | 计算机基础 | 总成绩 | 加权平均分 | 总评 |
| 4 | 1班 | 201001101 | 马江晓 | 男 | 80 | 40 | 87 | | | |
| 5 | 1班 | 201001102 | 陈光辉 | 男 | 90 | 72 | 93 | | | |
| 6 | 1班 | 201001103 | 王瑜 | 女 | 97 | 86 | 85 | | | |
| 7 | 2班 | 201002201 | 张子渊 | 男 | 85 | 65 | 73 | | | |
| 8 | 2班 | 201002202 | 卢玉川 | 男 | 100 | 95 | 95 | | | |
| 9 | 2班 | 201002203 | 李小伟 | 男 | 60 | 90 | 74 | | | |
| 10 | 3班 | 201003301 | 冯艳 | 女 | 77 | 65 | 86 | | | |
| 11 | 3班 | 201003302 | 夏丽 | 女 | 63 | 88 | 72 | | | |
| 12 | 3班 | 201003303 | 刘伟 | 男 | 59 | 50 | 45 | | | |
| 13 | | | | | | | | | | |
| 14 | | | | 平均分 | | | | | | |
| 15 | | | | 最高分 | | | | | | |
| 16 | | | | 最低分 | | | | | | |
| 17 | | | | 课程学分 | 5 | 6 | 4 | | | |
| 18 | | | | | | | | | | |
| 19 | 总评 | 不及格 | 及格 | 中等 | 良好 | 优秀 | 总人数 | | | |
| 20 | 人数 | | | | | | | | | |
| 21 | 百分比 | | | | | | | | | |

图 11-3 学生成绩统计分析表

## 2. Office 2010 综合练习（二）

（1）新建一个 Word 2010 文档，输入文字，按要求排版。

① 设置标题为艺术字，设置文字的字体、字号与颜色，在标题两边插入小图片。

② 自行设计正文字体、字号与颜色，文中插入相关的图片。要求整体设计合理、美观。

③ 参考样文如图 11-4 所示。

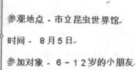

参观地点 - 市立昆虫世界馆.

时间 - 8 月 5 日.

参加对象 - 6～12 岁的小朋友.

报名时间 - 即日起至 7 月 31 日止.

费用 - 每位小朋友 100 元（含门票、餐点及交通费用）.

※当日将由社区的社工人员亲自带领小朋友，一同前往参观多采多姿
　的昆虫世界，活动将有小礼物及有奖征答.

《名额有限，欲"GO"从速!》

图 11-4　小朋友昆虫博览会

（2）建立如图 11-5 所示的"职工工资表"，并按下列要求进行计算操作。

① 销售额超过 5000 的职工按 10%提成，其他职工按 5%提成。

② 统计销售额为 5678 的职工人数，并将其放在 E12 单元格。计算销售额为 5678 的职工提成之和，并将其放在 E13 单元格。

③ 计算每个职工的"实发工资"（实发工资=基本工资+提成），并将其放在相应单元格中。

④ 计算所有职工的"销售额"、"基本工资"、"提成"和"实发工资"的合计，并分别将其放在"合计"所在行相应的单元格中。

⑤ 计算所有职工"实发工资"的平均值，并将其放在 H12 单元格。求"实发工资"最高值，结果放在 H13 单元格。

⑥ 为"实发工资"低于 1000 的单元格添加红色底纹。

⑦ "姓名"所在行设置为黑体 12 号、水平居中，"姓名"所在列水平居中。表格外边框线为第二种实线，表格内部的线为第一种实线。第 9 行与第 10 行的表格线为双实线、红色。设置第 10 行行高为 20。

⑧ 以"职工工资表"为工作簿名存于自己的文件夹中。

| | A | B | C | D | E | F | G | H |
|---|---|---|---|---|---|---|---|---|
| 1 | | | | 职工工资表 | | | | |
| 2 | | | | | | | | |
| 3 | | 姓名 | 销售额 | 基本工资 | 提成 | 实发工资 | | |
| 4 | | 张三 | 5678 | 2600 | | | | |
| 5 | | 李四 | 3458 | 1000 | | | | |
| 6 | | 王五 | 2356 | 800 | | | | |
| 7 | | 赵六 | 5678 | 2500 | | | | |
| 8 | | 田七 | 4567 | 2000 | | | | |
| 9 | | 刘八 | 8756 | 3000 | | | | |
| 10 | | 合计 | | | | | | |
| 11 | | | | | | | | |
| 12 | | 销售额为5678的职工人数: | | | | 平均实发工资: | | |
| 13 | | 销售额为5678的职工提成和: | | | | 最高实发工资: | | |

图 11-5　职工工资表

（3）按要求制作演示文稿。

① 使用 PowerPoint 2010 做一个介绍你最喜爱的动物的演示文稿,要求不少于 6 张幻灯片,每张幻灯片要有不同的元素,包括艺术字、文本框、图片等,设计自定义动画和切换动画。

② 要求总体效果好,美观协调。

### 3. Office 2010 综合练习（三）

（1）新建 Word 2010 文档,输入以下内容。

世界各国新年风俗

缅甸的新年正好是一年中最热的季节。照传统习惯,人们要互相泼水祝福,不论是亲戚、朋友,或者是素不相识的人,谁也不会因全身被泼得透湿而见怪。自古以来印度就保持着一种习俗:新年第一天谁也不许对人生气、发脾气。人们认为:新年的第一天过得和睦与否,关系到全年。

在越南,橘子树被当作新年树。除夕夜晚人们通常都送给朋友们一些半开放的桃花枝;各个家庭都和朋友们一起坐在火炉旁讲故事,抚今追昔,叙旧迎新。在蒙古,严寒老人装扮得像古时牧羊人的模样,他穿着毛蓬蓬的皮外套,头戴一顶狐皮帽,手里拿着一根长鞭子,不时地把鞭子在空中抽得啪啪响。

在日本却是另一种情形。除夕午夜时分,全国城乡庙宇里的钟都要敲一百零八响,当然,在二十世纪的今天,这钟声是通过广播电台来传送到全国每个角落里的。按照习惯,随着最后一声钟响,人们就应该去睡觉,以便新年第一天拂晓起床,走上街头去迎接初升太阳的第一道霞光。谁要是睡过了这一时刻,谁就会在新的一年里不吉利。新年前夕,各家各户都要制作各式各样、五颜六色的风筝,以便新年节日里放。

世界上不同的国家,人们都以不同的方式在欢度新年,把对未来的向往、希望和一切美好的愿望都与新年紧密地联系在一起。

长江大学工程技术学院×××排版

（2）排版要求如下。

① 将文章的第一段与最后一段进行对换。

② 标题字体为"华文新魏",字号为小一号,颜色自定,文本居中。

③ 给第二、三段文字设置项目符号"■"。

④ 将第二段文字设置为倾斜,并加上红色的波浪下画线。

⑤ 将第三段文字字体设置为楷体,字号设置为小四号、加粗,颜色设置为紫色。

⑥ 对最后一段文字进行字符间距设置:字符间距为加宽,磅值为 3 磅。

⑦ 利用替换功能将文章中的"新年"全部改为字体为"华文行楷"、倾斜、橘黄色的"春节"二字。

⑧ 对全文进行"拼写和语法"检查,并插入页眉,页眉内容为:班级:×××××　学号:××　姓名:×××××××。

⑨ 将"长江大学工程技术学院"设置为中文版式中的"双行合一",并将该行文字字体设置为"方正舒体",字号设置为一号,颜色自定,文本右对齐。

（3）效果图如图 11-6 所示。

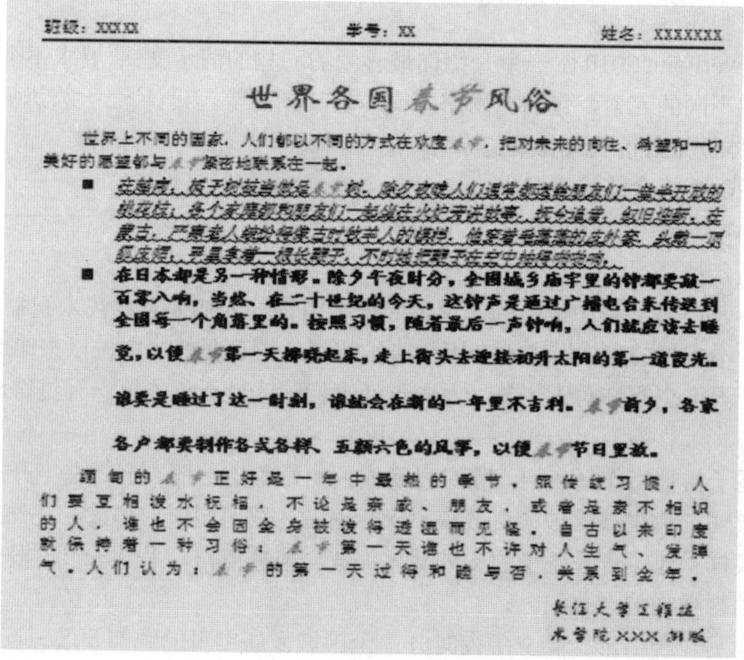

图 11-6 "世界各国春节风俗"排版效果

（4）在 Excel 2010 中建立工作簿，名为 Study。输入表 11-1 中的数据。

表 11-1 学生考试成绩表

| 学 号 | 姓 名 | 大学英语 | 英语听力 | 计算机基础 | 平 均 分 |
|-------|-------|----------|----------|------------|----------|
| 20140101 | 李兰 | 87 | 90 | 85 | |
| 20140102 | 李欣 | 67 | 70 | 66 | |
| 20140103 | 刘慧 | 79 | 72 | 70 | |
| 20140104 | 胡文辉 | 85 | 84 | 90 | |
| 20140105 | 张亚东 | 65 | 63 | 71 | |
| 20140106 | 陈迪 | 89 | 91 | 85 | |

① 求出每个学生的平均分，结果四舍五入取整数。

② 添加"备注栏"数据列，对平均分低于 60 分的在"备注栏"注明"不及格"。

③ 利用条件格式把"成绩表"不及格的成绩设置为红色，将所有大于 90 分的成绩格式设置为蓝色并带下画线。

④ 采用"高级筛选"方法，从"成绩表"中找出两科成绩都是优良（≥80）的记录，把条件区域和查找结果存放在 Sheet2 上，将其更名为"优良表"。

⑤ 根据表格中所有学生的数据，在当前工作表中创建嵌入的条形圆柱图图表，并设置图表标题为"学生成绩表"。

⑥ 对表格进行修饰。

（5）按要求制作演示文稿。

任选一个节日（春节、情人节、国庆节、端午节、中秋节等），并以该节日为主题，使用 PowerPoint 2010 制做一个布局合理、美观、内容丰富、有动画效果的演示文稿，要求不少于 6 张幻灯片。

## 三、思考题

1．如何在 Word 2010 文档中实现汉字与字符的输入、图形绘制、图片插入等操作？

2．如何在 PowerPoint 2010 中设置动画？

## 实验二　Office 2010 各工具交叉应用

## 一、实验目的

1．了解 Word 2010 与 Excel 2010 的交叉应用。

2．了解 Word 2010 与 PowerPoint 2010 的交叉应用。

3．了解 Excel 2010 与 PowerPoint 2010 的交叉应用。

## 二、实验内容及步骤

### 1．Word 2010 与 Excel 2010 的交叉应用

在 Word 2010 中可以直接调用和插入 Excel 2010 表格，这样用户就不需要在两个软件中来回切换了，非常方便。

（1）在 Word 2010 中创建 Excel 2010 表格

Excel 2010 表格在对数据进行处理时，有很多的便利之处，这对于经常使用 Excel 2010 表格的用户来说有比较深的体会。那么，如果在 Word 2010 文档中需要对一些数据进行处理，可不可以直接创建一个 Excel 2010 表格来使用呢？答案是肯定的，具体操作方法如下。

① 在 Word 2010 文档中，将光标定位到需要插入 Excel 2010 表格的地方，选择"插入"选项卡，在"文本"组中单击"对象"按钮。

② 弹出的"对象"对话框如图 11-7 所示。单击"新建"选项卡，选择"Microsoft Excel 工作表"，然后单击"确定"按钮，即可在文档的选定位置插入一个新"Microsoft Excel 工作表"对象，如图 11-8 所示。同时，当前窗口最上方显示的是 Excel 2010 软件工具栏，如图 11-9 所示，用户可以直接在工作表中输入数据并使用。

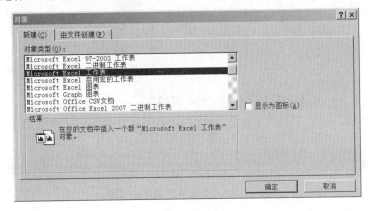

图 11-7　"对象—新建"对话框

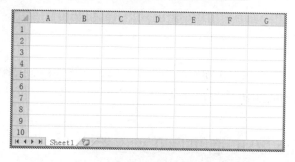

图 11-8　在 Word 2010 中插入的 Excel 工作表

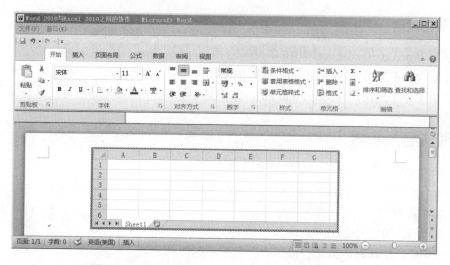

图 11-9　Word 2010 中显示的 Excel 2010 软件工具栏

（2）在 Word 2010 中调用 Excel 2010 表格

在 Word 2010 中不仅可以直接创建工作表，还可以调用已有的工作表，其操作方法如下。

① 在 Word 2010 文档中，将光标定位到需要插入 Excel 2010 表格的地方，选择"插入"选项卡，在"文本"组中单击"对象"按钮。

② 在弹出的"对象"对话框中，单击"由文件创建"选项卡，如图 11-10 所示。

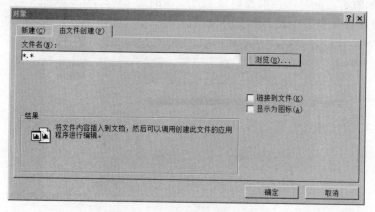

图 11-10　"由文件创建"选项卡

③ 单击"浏览"按钮，在弹出的"浏览"对话框中选择需要插入的 Excel 文件，单击"插

入"按钮，接着返回"对象"对话框，最后单击"确定"按钮，即可将选定的 Excel 工作表插入到 Word 2010 文档中。

在 Word 2010 中插入 Excel 2010 表格后，单击插入的表格即可调用 Excel 2010 应用程序来调整和修饰表格。

### 2. Word 2010 与 PowerPoint 2010 的交叉应用

在一些演讲中，有时用户需要在 Word 2010 内插入或引用 PowerPoint 2010 中的演示文稿，此时 Word 2010 与 PowerPoint 2010 的协作应用就显得很重要了。

（1）在 Word 2010 中调用 PowerPoint 2010 的单张幻灯片

用户可以将 PowerPoint 2010 演示文稿的单张幻灯片插入到 Word 2010 中进行编辑和放映，具体操作步骤如下。

① 在 PowerPoint 2010 演示文稿中选择需要插入到 Word 2010 中的单张幻灯片，然后单击鼠标右键，在弹出的快捷菜单中选择"复制"命令。

② 切换到 Word 2010，然后选择"开始"选项卡，在"剪贴板"组中单击"粘贴"按钮，在弹出的下拉列表中选择"选择性粘贴"选项，弹出"选择性粘贴"对话框。在"形式"列表框中选择"Microsoft PowerPoint 幻灯片 对象"选项，如图 11-11 所示。

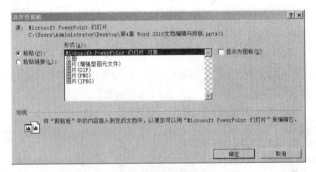

图 11-11 "选择性粘贴"对话框

③ 单击"确定"按钮，即可在 Word 2010 中插入单张幻灯片。在 Word 2010 文档中单击插入的幻灯片后，Word 2010 中的工具栏将变为 PowerPoint 2010 中的工具栏，用户可以在 Word 2010 中直接对幻灯片进行编辑、放映等操作，如图 11-12 所示。

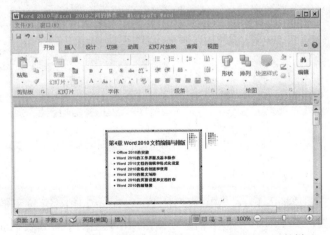

图 11-12 Word 2010 中显示的 PowerPoint 2010 工具栏

（2）在 Word 2010 中调用 PowerPoint 2010 演示文稿

用户除了可以将 PowerPoint 2010 演示文稿的单张幻灯片插入到 Word 2010 中进行编辑和放映外，还可以一次性调用整个演示文稿，其实现方法如下。

① 在 Word 2010 文档中，将光标定位到需要插入 PowerPoint 2010 演示文稿的地方，选择"插入"选项卡，在"文本"组中单击"对象"按钮。

② 在弹出的"对象"对话框中，单击"由文件创建"选项卡。

③ 单击"浏览"按钮，在弹出的"浏览"对话框中选择需要插入的 PowerPoint 2010 演示文稿，单击"插入"按钮，接着返回"对象"对话框，最后单击"确定"按钮，即可将选定的 PowerPoint 2010 演示文稿插入到 Word 2010 文档中。

在 Word 2010 中插入 PowerPoint 2010 演示文稿后，单击插入的演示文稿即可调用 PowerPoint 2010 应用程序打开并进行演示。

### 3. Excel 2010 与 PowerPoint 2010 的交叉应用

使用 PowerPoint 2010 演示文稿进行讲座或演示时，经常需要配备一些数据、表格或图表等，以使演说更具说服力，此时 Excel 2010 与 PowerPoint 2010 之间的协作应用就显得尤为重要了。

（1）在 PowerPoint 2010 中使用 Excel 2010 工作表

如果需要在 PowerPoint 2010 演示文稿中插入一些数据或报表，可以考虑使用 Excel 2010 进行数据整理，然后在 PowerPoint 2010 中调用，其操作方法如下。

① 在 Excel 2010 中，用鼠标选中需要插入到 PowerPoint 2010 中的工作表区域，单击鼠标右键，在弹出的下拉列表中选择"复制"命令，如图 11-13 所示。

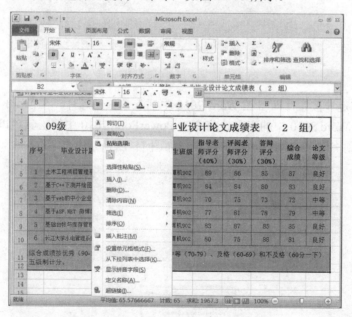

图 11-13　复制 Excel 2010 工作表

② 将光标定位在需要插入 Excel 2010 表格的 PowerPoint 2010 演示文稿的幻灯片中，单击"开始"选项卡，在"剪贴板"组中，单击"粘贴"按钮，在弹出的下拉列表中选择粘贴选项"保留源格式"，即可将 Excel 2010 中的表格粘贴至 PowerPoint 2010 演示文稿中，效果如图 11-14 所示。

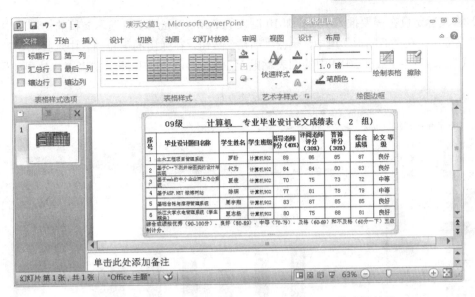

图 11-14 在 PowerPoint 2010 中插入 Excel 2010 工作表的效果

在 PowerPoint 2010 中插入 Excel 2010 表格后，单击插入的表格即可激活表格工具的设计和布局选项卡，可对表格进行调整和修饰。

（2）在 PowerPoint 2010 中使用 Excel 2010 图表

在 PowerPoint 2010 中制作数据报表比较麻烦，而使用 Excel 2010 制作数据报表则是一件轻而易举的事情。如果两者能够配合使用，将会更加方便，可以大大提高办公效率。

在 PowerPoint 2010 中使用 Excel 2010 图表的方法如下。

① 在 Excel 2010 中，用鼠标选中需要插入到 PowerPoint 2010 中的图表，单击鼠标右键，在弹出的下拉列表中选择"复制"命令，如图 11-15 所示。

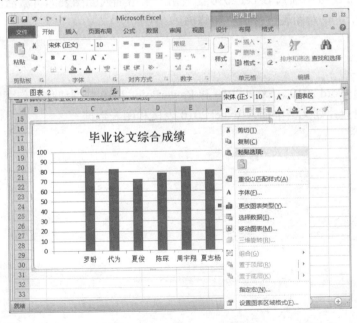

图 11-15 复制 Excel 2010 图表

② 将光标定位在需要插入 Excel 2010 图表的 PowerPoint 2010 演示文稿的幻灯片中，单击"开始"选项卡，在"剪贴板"组中，单击"粘贴"按钮，在弹出的下拉列表中选择粘贴选项"保留源格式"，即可将 Excel 2010 中的图表粘贴至 PowerPoint 2010 演示文稿中，效果如图 11-16 所示。

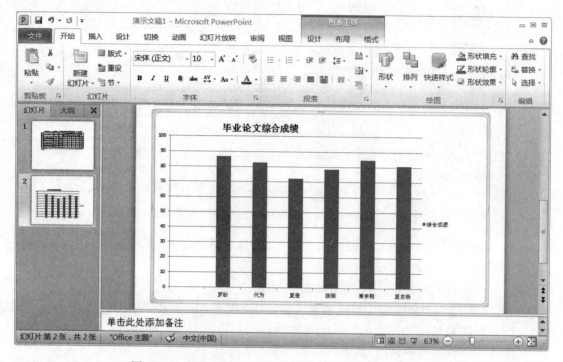

图 11-16　在 PowerPoint 2010 中插入 Excel 2010 图表的效果

在 PowerPoint 2010 中插入 Excel 2010 图表后，单击插入的图表即可激活图表工具的设计、布局和格式选项卡，可对图表进行调整和修饰。

## 三、思考题

1. 如何使用 Word 2010、Excel 2010 和 PowerPoint 2010 共同协作制作营销会议 PPT？
2. 如何在企业计划文档中插入 Excel 2010 表格和图表数据？

# 第12章

综合练习题

习题一

1．2001 年开始，我国自主研发通用 CPU 芯片，其中第一款通用的 CPU 是（　　）。

A．AMD　　　　　　　B．龙芯　　　　　C．Intel　　　　　　　　D．酷睿

2．下列关于世界上第一台计算机的叙述，错误的是（　　）。

A．此台计算机当时采用了晶体管作为主要元件

B．世界上第一台计算机于 1946 年在美国诞生

C．它被命名为 ENIAC

D．它主要用于弹道计算

3．从发展上看，计算机将向着（　　）方向发展。

A．巨型化和微型化　　　　　　　B．网络化和智能化

C．系统化和应用化　　　　　　　D．简单化和低廉化

4．人们将以（　　）作为硬件基本部件的计算机称为第一代计算机。

A．ROM 和 RAM　　　　　　　　B．电子管

C．小规模集成电路　　　　　　　D．磁带与磁盘

5．第三代计算机采用的电子元件是（　　）。

A．晶体管　　　　　　　　　　　B．大规模集成电路

C．中、小规模集成电路　　　　　D．电子管

6．在计算机运行时，把程序和数据一样存放在内存中，这是 1946 年由（　　）领导的研究小组正式提出并论证的。

A．冯·诺依曼　　　B．布尔　　　　　C．图灵　　　　　　　D．爱因斯坦

7．以下不是我国知名的高性能巨型计算机的是（　　）。

A．银河　　　　　　B．曙光　　　　　C．神威　　　　　　　D．紫金

8. 以下关于计算机4个发展阶段的描述中，不正确的是（　　）。

A. 第一代计算机主要用于军事目的

B. 第二代计算机主要用于数据处理和事务管理

C. 第三代计算机刚出现了高级程序设计语言BASIC

D. 第三代计算机的电子元件采用了中、小规模的集成电路（MSI、SSI）

9. 冯·诺依曼在他的EDVAC计算机方案中，提出了两个重要的概念，它们是（　　）。

A. 引入CPU和内存储器的概念

B. 采用二进制和存储程序控制的概念

C. 机器语言和十六进制

D. ASCII编码和指令系统

10. 十进制数126转换成二进制数等于（　　）。

A. 1111110　　　　　　B. 1101110　　　　　　C. 1110010　　　　D. 1111101

11. 十进制数32转换成二进制整数是（　　）。

A. 101000　　　　　　B. 100100　　　　　　C. 100010　　　　D. 100000

12. 十进制数57转换成二进制整数是（　　）。

A. 0110101　　　　　　B. 0111001　　　　　　C. 0110011　　　　D. 0110111

13. 十进制数90转换成二进制数是（　　）。

A. 1011010　　　　　　B. 1101010　　　　　　C. 1011110　　　　D. 1011100

14. 无符号二进制整数1011000转换成十进制数是（　　）。

A. 76　　　　　　B. 78　　　　　　C. 88　　　　D. 90

15. 二进制数10000001转换成十进制数是（　　）。

A. 119　　　　　　B. 121　　　　　　C. 127　　　　D. 129

16. 无符号二进制整数1111001转换成十进制数是（　　）。

A. 117　　　　　　B. 119　　　　　　C. 120　　　　D. 121

17. 无符号二进制整数00110011转换成十进制整数是（　　）。

A. 48　　　　　　B. 49　　　　　　C. 51　　　　D. 53

18. 计算机内部采用的数制是（　　）。

A. 十进制　　　　　　B. 八进制　　　　　　C. 二进制　　　　D. 十六进制

19. 一个字长为6位的无符号二进制数能表示的十进制数值范围是（　　）。

A. 0～63　　　　　　B. 1～64　　　　　　C. 1～63　　　　D. 0～64

20. 在一个非零无符号二进制整数之后添加一个0，则此数的值为原数的（　　）。

A. 4倍　　　　　　B. 2倍　　　　　　C. 1/2　　　　D. 1/4

21. 下列各进制的整数中，值最小的一个是（　　）。

A. 十六进制数5A　　　　　　　　　　B. 十进制数121

C. 八进制数135　　　　　　　　　　D. 二进制数1110011

22. 在计算机内部用来传送、存储、加工处理的数据或指令所采用的形式是（　　）。

A. 二进制码　　　　　　　　　　　　B. 十进制码

C. 八进制码　　　　　　　　　　　　D. 十六进制码

23. 一个字长为8位的无符号二进制整数能表示的十进制数值范围是（　　）。

A. 0～256　　　　　　B. 0～255　　　　　　C. 1～256　　　　D. 1～255

24. 下列各进制的整数中，值最大的一个是（　　）。

A．十六进制数 178　　　　　　　　　　B．十进制数 210

C．八进制数 502　　　　　　　　　　　D．二进制数 11111110

25. 已知 $a$=00111000B 和 $b$=2FH，两者比较，正确的不等式是（　　）。

A．$a>b$　　　　　B．$a=b$　　　　　C．$a<b$　　　　D．不能比较

26. 已知 $a$=00101010B 和 $b$=40D，下列关系式成立的是（　　）。

A．$a>b$　　　　　B．$a=b$　　　　　C．$a<b$　　　　D．不能比较

27. 下列各进制的整数中，值最大的一个是（　　）。

A．十六进制数 6A　　　　　　　　　　B．十进制数 134

C．八进制数 145　　　　　　　　　　　D．二进制数 1100001

28. 下列各进制的整数中，值最大的一个是（　　）。

A．十六进制数 78　　　　　　　　　　B．十进制数 125

C．八进制数 202　　　　　　　　　　　D．二进制数 10010110

29. 根据汉字国标码 GB 2312—1980 的规定，一级常用汉字的个数是（　　）。

A．3477　　　　　B．3755　　　　　　C．3575　　　　D．7445

30. 若已知一汉字的国标码是 5E38H，则其内码是（　　）。

A．5EB8H　　　　　B．DE38H　　　　　C．DEB8H　　　　D．7E58H

31. 已知某汉字的区位码是 3222，则其国标码是（　　）。

A．4036H　　　　　B．5242H　　　　　C．4252DH　　　D．5524H

32. 已知某汉字的区位码是 1551，则其国标码是（　　）。

A．2F53H　　　　　B．3630H　　　　　C．3658H　　　　D．5650H

33. 汉字区位码分别用十进制的区号和位号表示，其区号和位号的范围分别是（　　）。

A．0～94，0～94　　　　　　　　　　B．1～95，1～95

C．1～94，1～94　　　　　　　　　　D．0～95，0～95

34. 下列说法中，正确的是（　　）。

A．同一个汉字的输入码的长度随输入方法不同而不同

B．一个汉字的机内码与它的国标码是相同的，且均为 2 字节

C．不同汉字的机内码的长度是不相同的

D．同一汉字用不同的输入法输入时，其机内码是不相同的

35. 已知汉字"中"的区位码是 5448，则其国标码是（　　）。

A．7468D　　　　　B．3630H　　　　　C．6862H　　　　D．5650H

36. 根据汉字国标 GB 2312—1980 的规定，存储一个汉字的内码需用的字节数是（　　）。

A．4　　　　　　　B．3　　　　　　　C．2　　　　　　D．1

37. 汉字输入码可分为有重码和无重码两类，下列属于无重码的是（　　）。

A．全拼码　　　　　B．自然码　　　　　C．区位码　　　　D．简拼码

38. 根据汉字国标码 GB 2312—1980 的规定，总计有各类符号和一级、二级汉字共（　　）个。

A．7445　　　　　B．6763　　　　　　C．3008　　　　D．3755

39. 下列关于汉字编码的叙述中，错误的是（　　）。

A．BIG5 码是通行于我国香港和台湾地区的繁体汉字编码

B. 一个汉字的区位码就是它的国标码

C. 无论两个汉字的笔画数目相差多少，它们的机内码的长度都是相同的

D. 同一汉字用不同的输入法输入时，其输入码不相同，但机内码却是相同的

40. 设已知一个汉字的国标码是 5E48H，则其内码应该是（　　）。

A. DE48H　　　　　　B. DEC8H　　　　　　C. 5EC8H　　　　D. 7E68H

41. 根据汉字国标 GB 2312—1980 的规定，一个汉字的内码码长为（　　）bit。

A. 16　　　　　　　　B. 12　　　　　　　　C. 8　　　　　　　D. 24

42. 已知某汉字的区位码是 1122，则其机内码是（　　）。

A. ABB6H　　　　　　B. B6E0H　　　　　　C. B152D　　　　D. 2233H

43. 根据汉字国标 GB 2312—1980 的规定，1KB 存储容量可以存储汉字的内码个数是（　　）。

A. 256　　　　　　　B. 512　　　　　　　C. 1024　　　　　D. 约 341

44. 以下对计算机的分类，不正确的是（　　）。

A. 按使用范围可以分为通用计算机和专用计算机

B. 按性能可以分为超级计算机、大型计算机、小型计算机、工作站和微型计算机

C. 按芯片可分为单片机、单板机、多芯片机和多板机

D. 按字长可以分为 8 位机、16 位机、32 位机和 64 位机

45. 英文缩写 CAD 的中文意思是（　　）。

A. 计算机辅助教学　　　　　　　　　　B. 计算机辅助制造

C. 计算机辅助设计　　　　　　　　　　D. 计算机辅助管理

46. −128 的补码是（　　）。

A. 88H　　　　　　　　　　　　　　　B. 81H

C. 80H　　　　　　　　　　　　　　　D. FFH

47. 我国自行生产并用于天气预报计算的银河-Ⅲ型计算机属于（　　）。

A. 微机　　　　　　B. 小型机　　　　　　C. 大型机　　　　D. 巨型机

48. 天气预报能为我们的生活提供良好的帮助，它的应用属于计算机的（　　）。

A. 科学计算　　　　B. 信息处理　　　　C. 过程控制　　　D. 人工智能

49. −126 的反码是（　　）。

A. 81H　　　　　　　B. 80H　　　　　　　C. 88H　　　　　　D. FFH

50. 计算机技术中，下列英文缩写和中文名字的对照，正确的是（　　）。

A. CIMS：计算机集成制造系统　　　　　B. CAM：计算机辅助教育

C. CAD：计算机辅助制造　　　　　　　D. CAI：计算机辅助设计

51. 电子计算机最早的应用领域是（　　）。

A. 信息处理　　　　B. 科学计算　　　　C. 过程控制　　　D. 人工智能

52. 按照需求功能的不同，信息系统已形成各种层次，计算机应用于管理开始于（　　）。

A. 信息处理　　　　B. 人事管理　　　　C. 决策支持　　　D. 事务处理

53. 目前各部门广泛使用的人事档案管理、财务管理等软件，按计算机应用分类，应属于（　　）。

A. 过程控制　　　　　　　　　　　　　B. 科学计算

C. 计算机辅助工程　　　　　　　　　　D. 信息处理

54．以下属于过程控制应用的是（　　　）。

A．宇宙飞船的制导　　　　　　　　　　B．控制、指挥生产和装配产品

C．冶炼车间由计算机根据炉温控制加料　D．汽车车间大量使用智能机器人

55．英文缩写 CAM 的中文意思是（　　　）。

A．计算机辅助设计　　　　　　　　　　B．计算机辅助教学

C．计算机辅助制造　　　　　　　　　　D．计算机辅助管理

56．下列不属于计算机特点的是（　　　）。

A．存储程序控制，工作自动化　　　　　B．具有逻辑推理和判断能力

C．处理速度快、存储量大　　　　　　　D．不可靠、故障率高

57．计算机之所以能按人们的意图自动进行工作，最直接的原因是采用了（　　　）。

A．二进制　　　　　　　　　　　　　　B．高速电子元件

C．程序设计语言　　　　　　　　　　　D．存储程序控制

58．下列属于计算机特点的是（　　　）。

A．重量轻　　　　　　　　　　　　　　B．不可靠

C．故障率高　　　　　　　　　　　　　D．存储程序控制，工作自动化

59．市政道路及管线设计软件属于计算机（　　　）。

A．辅助教学　　　B．辅助管理　　　C．辅助制造　　　D．辅助设计

60．办公自动化（OA）是计算机的一大应用领域，按计算机应用的分类，它属于（　　　）。

A．科学计算　　　B．辅助设计　　　C．信息处理　　　D．过程控制

61．组成计算机指令的两部分是（　　　）。

A．数据和字符　　　　　　　　　　　　B．运算符和运算数

C．操作码和地址码　　　　　　　　　　D．运算符和运算结果

62．1KB 的准确数值是（　　　）。

A．1024Byte　　　B．1000Byte　　　C．1024bit　　　D．1000bit

63．在 ASCII 码表中，根据码值由小到大的顺序排列，正确的是（　　　）。

A．控制符、数字符、大写英文字母、小写英文字母

B．数字符、控制符、大写英文字母、小写英文字母

C．控制符、数字符、小写英文字母、大写英文字母

D．数字符、大写英文字母、小写英文字母、控制符

64．在微机中，西文字符所采用的编码是（　　　）。

A．EBCDIC 码　　　B．ASCII 码　　　C．国标码　　　D．BCD 码

65．如果在一个非零无符号二进制整数之后添加两个 0，则此数的值为原数的（　　　）。

A．4 倍　　　B．2 倍　　　C．1/2　　　D．1/4

66．在计算机内存储数据或指令所采用的形式是（　　　）。

A．十进制码　　　B．二进制码　　　C．八进制码　　　D．十六进制码

67．在标准 ASCII 码表中，英文字母 a 和 A 的码值之差的十进制值是（　　　）。

A．20　　　B．32　　　C．-20　　　D．-32

68．下列叙述中，正确的是（　　　）。

A．把数据从硬盘传送到内存的操作称为输出

B. WPS Office 2003 是一个国产的系统软件

C. 扫描仪属于输出设备

D. 将高级语言编写的源程序转换成为机器语言程序的程序叫编译程序

69. 在标准 ASCII 码表中，已知英文字母 D 的 ASCII 码是 01000100，则英文字母 B 的 ASCII 码是（　　）。

A. 01000001　　　　B. 01000010　　　　C. 01000011　　　　D. 01000000

70. 一个汉字的 16×16 点阵字形码长度的字节数是（　　）。

A. 16　　　　B. 32　　　　C. 24　　　　D. 40

71. 已知英文字母 m 的 ASCII 码值为 6DH，那么字母 q 的 ASCII 码值是（　　）。

A. 70H　　　　B. 72H　　　　C. 71H　　　　D. 6FH

72. 计算机技术中，英文缩写 CPU 的中文译名是（　　）。

A. 控制器　　　　B. 运算器　　　　C. 中央处理器　　　　D. 寄存器

73. 在下列字符中，其 ASCII 码值最大的一个是（　　）。

A. Z　　　　B. 9　　　　C. 控制符　　　　D. a

74. 已知英文字母 m 的 ASCII 码值为 109，那么英文字母 p 的 ASCII 码值是（　　）。

A. 112　　　　B. 113　　　　C. 111　　　　D. 114

75. −127 的原码是（　　）。

A. 80H　　　　B. 81H　　　　C. 88H　　　　D. FFH

76. 如果删除一个非零无符号二进制整数后的两个 0，则此数的值为原数的（　　）。

A. 4 倍　　　　B. 2 倍　　　　C. 1/4　　　　D. 1/2

77. 在标准 ASCII 码表中，英文字母 A 的十进制码值是 65，英文字母 a 的十进制码值是（　　）。

A. 95　　　　B. 97　　　　C. 96　　　　D. 91

78. 在微机中，1GB 等于（　　）。

A. 1024×1024B　　　　　　　　B. 1024MB

C. 1024KB　　　　　　　　D. 1000MB

79. 在计算机中，信息的最小单位是（　　）。

A. Byte　　　　B. bit　　　　C. Word　　　　D. Double Word

80. 通常用 GB、KB、MB 表示存储器容量，三者之中最大的是（　　）。

A. GB　　　　B. KB　　　　C. MB　　　　D. 三者一样大

81. Pentium 4/1.7G 中的 1.7G 表示（　　）。

A. CPU 的运算速度为 1.7G MIPS

B. CPU 为 Pentium 4 1.7GB 系列的

C. CPU 与内存间的数据交换频率是 1.7GB/s

D. CPU 的时钟主频为 1.7GHz

82. 字长是 CPU 的主要性能指标之一，它表示（　　）。

A. CPU 一次能处理二进制数据的位数　　B. 最长的十进制整数的位数

C. 最大的有效数字位数　　　　D. 计算结果的有效数字长度

83. 微机的销售广告中 P4 2.4G/256M/80G 中的 2.4G 表示（　　）。

A. CPU 的运算速度为 2.4G IPS　　　　B. CPU 为 Pentium 4 的 2.4 代

C．CPU 的时钟主频为 2.4G Hz　　　　　D．CPU 与内存间的数据交换频率是 2.4Gbit/s

84．计算机的存储器中，组成一字节（Byte）的二进制位（bit）个数是（　　）。

A．4　　　　　　　　B．8　　　　　　　　C．16　　　　　　　D．32

85．下列度量单位中，用来度量 CPU 的时钟主频的是（　　）。

A．M bit/s　　　　　B．MIPS　　　　　　C．GHz　　　　　　D．MB

86．用 GHz 来衡量计算机的性能，它指的是计算机的（　　）。

A．CPU 时钟主频　　B．存储器容量　　　C．字长　　　　　　D．CPU 运算速度

87．在计算机的硬件技术中，构成存储器的最小单位是（　　）。

A．字节（Byte）　　　　　　　　　　　B．字（Word）

C．二进制位（bit）　　　　　　　　　　D．双字（Double Word）

88．存储一个 48×48 点阵的汉字字形码需要的字节数是（　　）。

A．384　　　　　　　B．288　　　　　　　C．256　　　　　　D．144

89．计算机技术中，下列度量存储器容量的单位中，最大的单位是（　　）。

A．KB　　　　　　　B．MB　　　　　　　C．Byte　　　　　　D．GB

90．度量计算机运算速度常用的单位是（　　）。

A．MIPS　　　　　　B．MHz　　　　　　C．MB　　　　　　　D．Mbit/s

## 习题二

1．用高级程序设计语言编写的程序（　　）。

A．计算机能直接执行　　　　　　　　　B．具有良好的可读性和可移植性

C．执行效率高但可读性差　　　　　　　D．依赖于具体机器，可移植性差

2．下列叙述中，正确的是（　　）。

A．用高级程序语言编写的程序称为源程序

B．计算机能直接识别并执行用汇编语言编写的程序

C．机器语言编写的程序必须经过编译和连接后才能执行

D．机器语言编写的程序具有良好的可移植性

3．下列各类计算机程序语言中，不属于高级程序设计语言的是（　　）。

A．Visual Basic　　　　　　　　　　　　B．FORTRAN 语言

C．Pascal 语言　　　　　　　　　　　　D．汇编语言

4．汇编语言是一种（　　）。

A．依赖于计算机的低级程序设计语言　　B．计算机能直接执行的程序设计语言

C．独立于计算机的高级程序设计语言　　D．面向问题的程序设计语言

5．下列叙述中，正确的是（　　）。

A．计算机能直接识别并执行用高级程序语言编写的程序

B．用机器语言编写的程序可读性最差

C．机器语言就是汇编语言

D．高级语言的编译系统是应用程序

6．下列叙述中，正确的是（　　）。

A．用高级语言编写的程序称为源程序

B．计算机能直接识别、执行用汇编语言编写的程序

C．机器语言编写的程序执行效率最低

D．不同型号的 CPU 具有相同的机器语言

7．下列叙述中，正确的是（　　）。

A．C++是高级程序设计语言的一种

B．用 C++程序设计语言编写的程序可以直接在机器上运行

C．当代最先进的计算机可以直接识别、执行用任何语言编写的程序

D．机器语言和汇编语言是同一种语言的不同名称

8．下列各组软件中，全部属于应用软件的是（　　）。

A．程序语言处理程序、操作系统、数据库管理系统

B．文字处理程序、编辑程序、UNIX 操作系统

C．财务处理软件、金融软件、WPS Office 2003

D．Word 2000、Photoshop、Windows 98

9．下列软件中，属于系统软件的是（　　）。

A．C++编译程序　　　B．Excel 2000　　　C．学籍管理系统　　　D．财务管理系统

10．计算机能直接识别的语言是（　　）。

A．高级程序语言　　　B．机器语言　　　C．汇编语言　　　D．C++语言

11．把用高级程序设计语言编写的源程序翻译成目标程序（.OBJ）的程序称为（　　）。

A．汇编程序　　　B．编辑程序　　　C．编译程序　　　D．解释程序

12．对计算机操作系统的作用描述完整的是（　　）。

A．管理计算机系统的全部软、硬件资源，合理组织计算机的工作流程，以达到充分发挥计算机资源的效率，为用户提供使用计算机的友好界面

B．对用户存储的文件进行管理，方便用户

C．执行用户输入的各类命令

D．为汉字操作系统提供运行基础

13．计算机操作系统是（　　）。

A．一种使计算机便于操作的硬件设备　　　B．计算机的操作规范

C．计算机系统中必不可少的系统软件　　　D．对源程序进行编辑和编译的软件

14．操作系统中的文件管理系统为用户提供的功能是（　　）。

A．按文件作者存取文件　　　B．按文件名管理文件

C．按文件创建日期存取文件　　　D．按文件大小存取文件

15．下面关于操作系统的叙述中，正确的是（　　）。

A．操作系统是计算机软件系统中的核心软件

B．操作系统属于应用软件

C．Windows 是 PC 唯一的操作系统

D．操作系统的 5 大功能是启动、打印、显示、文件存取和关机

16．计算机操作系统通常具有的 5 大功能是（　　）。

A．CPU 的管理、显示器管理、键盘管理、打印机管理和鼠标器管理

B．硬盘管理、软盘驱动器管理、CPU 的管理、显示器管理和键盘管理

C．CPU 的管理、存储管理、文件管理、设备管理和作业管理

D．启动、打印、显示、文件存取和关机

17．操作系统管理用户数据的单位是（　　）。

A．扇区　　　　　　　B．文件　　　　　　　C．磁道　　　　　　　D．文件夹

18．按操作系统的分类，UNIX 操作系统是（　　）。

A．批处理操作系统　　　　　　　　　B．实时操作系统

C．分时操作系统　　　　　　　　　　D．单用户操作系统

19．操作系统将 CPU 的时间资源划分成极短的时间片，轮流分配给各终端用户，使终端用户单独分享 CPU 的时间片，有"独占计算机"的感觉，这种操作系统称为（　　）。

A．实时操作系统　　　　　　　　　　B．批处理操作系统

C．分时操作系统　　　　　　　　　　D．分布式操作系统

20．操作系统对磁盘进行读/写操作的单位是（　　）。

A．磁道　　　　　　　B．字节　　　　　　　C．扇区　　　　　　　D．KB

21．在外部设备中，扫描仪属于（　　）。

A．输出设备　　　　　B．存储设备　　　　　C．输入设备　　　　　D．特殊设备

22．在微机的硬件设备中，有一种设备在程序设计中既可以当作输出设备，又可以当作输入设备，这种设备是（　　）。

A．绘图仪　　　　　　B．扫描仪　　　　　　C．手写笔　　　　　　D．硬盘

23．以下设备中不是计算机输出设备的是（　　）。

A．打印机　　　　　　B．鼠标　　　　　　　C．显示器　　　　　　D．绘图仪

24．在微机系统中，麦克风属于（　　）。

A．输入设备　　　　　B．输出设备　　　　　C．放大设备　　　　　D．播放设备

25．下列设备组中，完全属于外部设备的一组是（　　）。

A．激光打印机、移动硬盘、鼠标器

B．CPU、键盘、显示器

C．SRAM 内存条、CD-ROM 驱动器、扫描仪

D．USB 优盘、内存储器、硬盘

26．下列设备组中，完全属于计算机输出设备的一组是（　　）。

A．喷墨打印机、显示器、键盘　　　　B．激光打印机、键盘、鼠标器

C．键盘、鼠标器、扫描仪　　　　　　D．打印机、绘图仪、显示器

27．微型计算机键盘上的 Tab 键是（　　）。

A．退格键　　　　　　　　　　　　　B．控制键

C．删除键　　　　　　　　　　　　　D．制表定位键

28．一个完整计算机系统的组成部分应该是（　　）。

A．主机、键盘和显示器　　　　　　　B．系统软件和应用软件

C．主机和外部设备　　　　　　　　　D．硬件系统和软件系统

29．组成计算机硬件系统的基本部分是（　　）。

A．CPU、键盘和显示器　　　　　　　B．主机和输入/输出设备

C．CPU 和输入/输出设备　　　　　　　D．CPU、硬盘、键盘和显示器

30．在计算机中，鼠标属于（　　）。

A. 输出设备
B. 菜单选取设备
C. 输入设备
D. 应用程序的控制设备

31. UPS 的中文译名是（    ）。

A. 稳压电源
B. 不间断电源
C. 高能电源
D. 调压电源

32. 计算机的硬件主要包括中央处理器（CPU）、存储器、输出设备和（    ）。

A. 键盘
B. 鼠标
C. 输入设备
D. 显示器

33. 鼠标器是当前计算机中常用的（    ）。

A. 控制设备
B. 输入设备
C. 输出设备
D. 浏览设备

34. 目前，在市场上销售的微型计算机中，标准配置的输入设备是（    ）。

A. 键盘和 CD-ROM 驱动器
B. 鼠标器和键盘
C. 显示器和键盘
D. 键盘和扫描仪

35. 下列设备组中，完全属于外部设备的一组是（    ）。

A. CD-ROM 驱动器、CPU、键盘、显示器
B. 激光打印机、键盘、CD-ROM 驱动器、鼠标
C. 内存储器、CD-ROM 驱动器、扫描仪、显示器
D. 打印机、CPU、内存储器、硬盘

36. 把存储在硬盘上的程序传送到指定的内存区域中，这种操作称为（    ）。

A. 输出
B. 写盘
C. 输入
D. 读盘

37. 目前，打印质量最好的打印机是（    ）。

A. 针式打印机
B. 点阵打印机
C. 喷墨打印机
D. 激光打印机

38. 把内存中的数据保存到硬盘上的操作称为（    ）。

A. 显示
B. 写盘
C. 输入
D. 读盘

39. 冯·诺依曼型体系结构的计算机硬件系统的 5 大部件是（    ）。

A. 输入设备、运算器、控制器、存储器、输出设备
B. 键盘和显示器、运算器、控制器、存储器和电源设备
C. 输入设备、中央处理器、硬盘、存储器和输出设备
D. 键盘、主机、显示器、硬盘和打印机

40. 1KB 的准确数值是（    ）。

A. 1024Byte
B. 1000Byte
C. 1024bit
D. 1000bit

41. 在计算机中，每个存储单元都有一个连续的编号，此编号称为（    ）。

A. 地址
B. 住址
C. 位置
D. 序号

42. 下列各系统不属于多媒体的是（    ）。

A. 文字处理系统
B. 具有编辑和播放功能的开发系统
C. 以播放为主的教育系统
D. 家用多媒体系统

43. 下列各存储器中，存取速度最快的是（    ）。

A. CD-ROM
B. 内存储器
C. 软盘
D. 硬盘

44. 下面关于计算机系统的叙述中，最完整的是（    ）。

A. 计算机系统就是指计算机的硬件系统
B. 计算机系统是指计算机上配置的操作系统
C. 计算机系统由硬件系统和操作系统组成

D．计算机系统由硬件系统和软件系统组成

45．计算机软件系统包括（　　）。

A．程序、数据和相应的文档　　　　　　B．系统软件和应用软件

C．数据库管理系统和数据库　　　　　　D．编译系统和办公软件

46．USB 1.1 和 USB 2.0 的区别之一在于传输速率不同，USB 1.1 的传输速率是（　　）。

A．150kbit/s　　　　　　　　　　　　B．12Mbit/s

C．480Mbit/s　　　　　　　　　　　　D．48Mbit/s

47．假设某台式计算机的内存储器容量为 128MB，硬盘容量为 10GB。硬盘的容量是内存容量的（　　）倍。

A．40　　　　　　　B．60　　　　　　C．80　　　　　　D．100

48．CD-ROM 是（　　）。

A．大容量可读可写外存储器　　　　　　B．大容量只读外部存储器

C．可直接与 CPU 交换数据的存储器　　　D．只读内部存储器

49．多媒体信息不包括（　　）。

A．音频、视频　　　B．声卡、光盘　　　C．影像、动画　　　D．文字、图形

50．下列说法中，正确的是（　　）。

A．硬盘的容量远大于内存的容量

B．硬盘的盘片是可以随时更换的

C．优盘的容量远大于硬盘的容量

D．硬盘安装在机箱内，它是主机的组成部分

51．一个完整的计算机软件应包含（　　）。

A．系统软件和应用软件　　　　　　　　B．编辑软件和应用软件

C．数据库软件和工具软件　　　　　　　D．程序、相应的数据和文档

52．以下表示随机存储器的是（　　）。

A．RAM　　　　　　B．ROM　　　　　　C．Floppy　　　　　　D．CD-ROM

53．下列英文缩写和中文名字的对照中，错误的是（　　）。

A．CPU：控制程序部件　　　　　　　　B．ALU：算术逻辑部件

C．CU：控制部件　　　　　　　　　　　D．OS：操作系统

54．下面关于显示器的叙述中，正确的一项是（　　）。

A．显示器是输入设备　　　　　　　　　B．显示器是输入/输出设备

C．显示器是输出设备　　　　　　　　　D．显示器是存储设备

55．可以对 CD-ROM 进行的操作是（　　）。

A．读或写　　　　　　　　　　　　　　B．只能读不能写

C．只能写不能读　　　　　　　　　　　D．能存不能取

56．下列计算机技术词汇的英文缩写和中文名字对照中，错误的是（　　）。

A．CPU：中央处理器　　　　　　　　　B．ALU：算术逻辑部件

C．CU：控制部件　　　　　　　　　　　D．OS：输出服务

57．多媒体技术的主要特点是（　　）。

A．实时性和信息量大　　　　　　　　　B．集成性和交互性

C．实时性和分布性　　　　　　　　　　D．分布性和交互性

58．SRAM 指的是（　　）。

A．静态随机存储器　　　　　　　　　　B．静态只读存储器

C．动态随机存储器　　　　　　　　　　D．动态只读存储器

59．DVD-ROM 属于（　　）。

A．大容量可读可写外存储器　　　　　　B．大容量只读外部存储器

C．CPU 可直接存取的存储器　　　　　　D．只读内存储器

60．多媒体计算机是指（　　）。

A．必须与家用电器连接使用的计算机　　B．能处理多种媒体信息的计算机

C．安装有多种软件的计算机　　　　　　D．能玩游戏的计算机

61．Cache 的中文译名是（　　）。

A．缓冲器　　　　　　　　　　　　　　B．只读存储器

C．高速缓冲存储器　　　　　　　　　　D．可编程只读存储器

62．下面说法中正确的是（　　）。

A．计算机冷启动和热启动都要进行系统自检

B．计算机冷启动要进行系统自检，而热启动不进行系统自检

C．计算机热启动要进行系统自检，而冷启动不进行系统自检

D．计算机冷启动和热启动都不进行系统自检

63．显示或打印汉字时，系统使用的是汉字的（　　）。

A．机内码　　　　　　B．字形码　　　　　　C．输入码　　　　　　D．国标码

64．下列的英文缩写和中文名字的对照中，错误的是（　　）。

A．URL：统一资源定位器　　　　　　　B．ISP：因特网服务提供商

C．ISDN：综合业务数字网　　　　　　　D．ROM：随机存取存储器

65．微型计算机使用的键盘上的 Backspace 键称为（　　）。

A．控制键　　　　　　B．上挡键　　　　　　C．退格键　　　　　　D．功能键

66．CPU 的中文名称是（　　）。

A．控制器　　　　　　　　　　　　　　B．不间断电源

C．算术逻辑部件　　　　　　　　　　　D．中央处理器

67．下列叙述中，不正确的是（　　）。

A．国际通用的 ASCII 码是 7 位码

B．国际通用的 ASCII 码共有 128 个不同的编码值

C．国际通用的 ASCII 码由大写字母、小写字母和数字组成

D．大写英文字母的 ASCII 码值小于小写英文字母的 ASCII 码值

68．计算机在工作中尚未进行存盘操作，如果突然断电，则计算机（　　）全部丢失，再次通电后不能完全恢复。

A．ROM 与 RAM 中的信息　　　　　　　B．RAM 中的信息

C．ROM 中的信息　　　　　　　　　　　D．硬盘中的信息

69．当前流行的移动硬盘或优盘进行读/写利用的计算机接口是（　　）。

A．串行接口　　　　　　B．并行接口　　　　　　C．USB　　　　　　D．UBS

70．假设某台式计算机的内存储器容量为 256MB，硬盘容量为 20GB。硬盘的容量是内存容量的（　　）倍。

A. 40          B. 60          C. 80          D. 100

71. 计算机主要技术指标通常是指（    ）。

A. 所配备的系统软件的版本

B. CPU 的时钟频率和运算速度、字长、存储容量

C. 显示器的分辨率、打印机的配置

D. 硬盘容量的大小

72. 下列度量单位中，用来度量计算机外部设备串行传输速率的是（    ）。

A. Mbit/s          B. MIPS          C. GHz          D. MB

73. 下列叙述中，正确的是（    ）。

A. 字长为 16 位表示这台计算机最大能计算一个 16 位的十进制数

B. 字长为 16 位表示这台计算机的 CPU 一次能处理 16 位二进制数

C. 运算器只能进行算术运算

D. SRAM 的集成度高于 DRAM

74. 微机硬件系统中最核心的部件是（    ）。

A. 内存储器                      B. 输入/输出设备

C. CPU                           D. 硬盘

75. 下列选项中，不属于显示器主要技术指标的是（    ）。

A. 分辨率                      B. 重量

C. 像素的点距                 D. 显示器的尺寸

76. 下面关于 USB 优盘的描述中，错误的是（    ）。

A. 优盘有基本型、增强型和加密型 3 种

B. 优盘的特点是重量轻、体积小

C. 优盘多固定在机箱内，不便携带

D. 断电后，优盘还能保持存储的数据不丢失

77. 计算机系统软件中最核心的是（    ）。

A. 语言处理系统      B. 操作系统       C. 数据库管理系统     D. 诊断程序

78. 在现代的 CPU 芯片中集成了高速缓冲存储器（Cache），其作用是（    ）。

A. 扩大内存储器的容量

B. 解决 CPU 与 RAM 之间的速度不匹配问题

C. 解决 CPU 与打印机的速度不匹配问题

D. 保存当前的状态信息

79. 下列各指标中，属于数据通信系统的主要技术指标之一的是（    ）。

A. 误码率          B. 重码率          C. 分辨率          D. 频率

80. 计算机网络最突出的优点是（    ）。

A. 精度高          B. 共享资源         C. 运算速度快         D. 容量大

81. 配置高速缓冲存储器（Cache）是为了解决（    ）。

A. 内存与辅助存储器之间速度不匹配问题

B. CPU 与辅助存储器之间速度不匹配问题

C. CPU 与内存储器之间速度不匹配问题

D. 主机与外设之间速度不匹配问题

82. 显示器的指标越高显示的图像越清晰的是（　　　　）。

A. 对比度　　　　　　　　B. 亮度　　　　　　　C. 对比度和亮度　　　　D. 分辨率

83. 在各类计算机操作系统中，分时系统是一种（　　　　）。

A. 单用户批处理操作系统　　　　　　　　B. 多用户批处理操作系统

C. 单用户交互式操作系统　　　　　　　　D. 多用户交互式操作系统

84. Caps Lock 键的功能是（　　　　）。

A. 暂停　　　　　　　　　　　　　　B. 大小写锁定

C. 上挡键　　　　　　　　　　　　　D. 数字/光标控制转换

85. KB（千字节）是度量存储器容量的常用单位之一，1KB 等于（　　　　）。

A. 1000 个字　　　　　　　　　　　B. 1024 字节

C. 1000 个二进制位　　　　　　　　D. 1024 个字

86. 计算机存储器中，组成一个字节的二进制位数是（　　　　）。

A. 4　　　　　　　　B. 8　　　　　　　　C. 16　　　　　　　D. 32

87. 下列叙述中，正确的是（　　　　）。

A. 内存中存放的是当前正在执行的应用程序和所需的数据

B. 内存中存放的是当前暂时不用的程序和数据

C. 外存中存放的是当前正在执行的程序和所需的数据

D. 内存中只能存放指令

88. 目前，PC 中所采用的主要功能部件（如 CPU）是（　　　　）。

A. 小规模集成电路　　B. 大规模集成电路　　C. 晶体管　　　　D. 光器件

89. 在计算机中，条码阅读器属于（　　　　）。

A. 输入设备　　　　　　B. 存储设备　　　　　C. 输出设备　　　　D. 计算设备

90. 下列关于磁道的说法中，正确的是（　　　　）。

A. 盘面上的磁道是一组同心圆

B. 由于每一磁道的周长不同，所以每一磁道的存储容量也不同

C. 盘面上的磁道是一条阿基米德螺线

D. 磁道的编号是最内圈为 0，并按次序由内向外逐渐增大，最外圈的编号最大

91. 下列叙述中错误的是（　　　　）。

A. 计算机要经常使用，不要长期闲置不用

B. 为了延长计算机的寿命，应避免频繁开关计算机

C. 在计算机附近应避免磁场干扰

D. 计算机用几小时后，应关机一会儿再用

92. 关于键盘操作，以下叙述正确的是（　　　　）。

A. 按住 Shift 键，再按 A 键必然输入大写字母 A

B. 功能键 F1、F2 等的功能对不同的软件是相同的

C. End 键的功能是将光标移至屏幕最右端

D. 键盘上的 Ctrl 键是控制键，它总是与其他键配合使用

93. WPS 和 Word 等文字处理软件属于（　　　　）。

A. 管理软件　　　　　　B. 网络软件　　　　　C. 应用软件　　　　D. 系统软件

94. 下面关于随机存取存储器（RAM）的叙述中，正确的是（　　　　）。

A．静态 RAM（SRAM）集成度低，但存取速度快且无须刷新

B．DRAM 的集成度高且成本高，常作为 Cache 用

C．DRAM 的存取速度比 SRAM 快

D．DRAM 中存储的数据断电后不会丢失

95．下面关于多媒体系统的描述中，不正确的是（　　）。

A．多媒体系统一般是一种多任务系统

B．多媒体系统是对文字、图像、声音、活动图像及其资源进行管理的系统

C．多媒体系统只能在微型计算机上运行

D．数字压缩是多媒体处理的关键技术

96．下列关于 CD-R 光盘的描述中，错误的是（　　）。

A．只能写入一次、可以反复读出的一次性写入光盘

B．可多次擦除型光盘

C．可以用来存储大量用户数据的一次性写入光盘

D．CD-R 是 Compact Disc Recordable 的缩写

97．下列叙述中，错误的是（　　）。

A．把数据从内存传输到硬盘叫写盘

B．WPS Office 2003 属于系统软件

C．把源程序转换为机器语言的目标程序的过程叫编译

D．在计算机内部，数据的传输、存储和处理都使用二进制编码

98．英文缩写 ROM 的中文名是（　　）。

A．高速缓冲存储器　　　　　　　　B．只读存储器

C．随机存取存储器　　　　　　　　D．优盘

99．当电源关闭后，下列关于存储器的说法中正确的是（　　）。

A．存储在 RAM 中的数据不会丢失　　B．存储在 ROM 中的数据不会丢失

C．存储在软盘中的数据会全部丢失　　D．存储在硬盘中的数据会丢失

100．在 CD 光盘上标记有 CD-RW 字样，此标记表明这个光盘（　　）。

A．是只能写入一次、可以反复读出的一次性写入光盘

B．是可多次擦除型光盘

C．是只能读出、不能写入的只读光盘

D．RW 是 Read and Write 的缩写

## 习题三

1．计算机网络的基本功能是（　　）。

A．数据处理　　　　　　　　　　　B．信息传输与数据处理

C．文献查询　　　　　　　　　　　D．资源共享与信息传输

2．网络中各个节点相互连接的形式叫作网络的（　　）。

A．拓扑结构　　　　B．协议　　　　C．分层结构　　　　D．分组结构

3．下面用于登录到远程计算机的协议是（　　）。

A．SMTP B．HTTP C．FTP D．Telnet

4．WWW 网是（　　）。

A．局域网的简称　　　　　　　　　　　　B．城域网的简称

C．广域网的简称　　　　　　　　　　　　D．万维网的简称

5．国际标准化组织（ISO）将计算机网络体系结构的通信协议规定为（　　）层。

A．5 B．6 C．7 D．8

6．OSI 参考模型的底层是（　　）。

A．传输层 B．网络层 C．物理层 D．应用层

7．IP 地址每个字地之间进行分隔用的是（　　）。

A．, B．: C．; D．.

8．下面合法的 IP 地址是（　　）。

A．202,120,111,19　　　　　　　　　　B．202.96.209.5

C．202:130:114:18　　　　　　　　　　D．96;12;18;1

9．域名有一定的格式，下面正确的格式是（　　）。

A．机器名．网络名．机构名．国家名

B．机器名．网络名．机构名．最高域名

C．网络名．机器名．机构名．最高域名

D．网络名．机器名．机构名．国家名

10．有关 IP 地址与域名的关系，下列描述正确的是（　　）。

A．IP 地址对应多个域名

B．域名对应多个 IP 地址

C．IP 地址与主机的域名一一对应

D．地址表示的是物理地址，域名表示的是逻辑地址

11．下面是关于域名内容的阐述，正确的是（　　）。

A．CN 代表中国，COM 代表商业机构　　B．CN 代表中国，EDU 代表科研机构

C．UK 代表美国，GOV 代表政府机构　　D．UK 代表中国，AC 代表教育机构

12．ISP 指的是（　　）。

A．因特网服务提供者　　　　　　　　　　B．因特网的专线接入方式

C．拨号上网方式　　　　　　　　　　　　D．因特网内容供应者

13．HTTP 是（　　）。

A．超文本标记语言　　　　　　　　　　　B．超文本传输协议

C．搜索引擎　　　　　　　　　　　　　　D．文件传输协议

14．当个人计算机以拨号方式接入 Internet 时，必须使用的设备是（　　）。

A．网卡　　　　　　　　　　　　　　　　B．调制调解器（Modem）

C．电话机　　　　　　　　　　　　　　　D．浏览器软件

15．接入 Internet 的计算机必须共同遵守（　　）协议。

A．CPI/IP B．PCT/IP C．POP D．TCP/IP

16．关于因特网服务的叙述中，不正确的是（　　）。

A．WWW 是一种集中式超媒体信息查询系统

B．远程登录可以使用微机来仿真终端设备

C．FTP 匿名服务器的标准目录一般为 PUB

D．电子邮件是因特网上使用最广泛的一种服务

17．超文本中还隐含有指向其他超文本的链接，这种链接称为（　　）。

A．超链接　　　　　　B．指针　　　　　　　　C．文件链　　　　　　D．媒体链

18．以下关于 TCP/IP 协议的描述中，不正确的说法是（　　）。

A．TCP/IP 协议包括传输控制协议和网际协议

B．TCP/IP 协议定义了如何对传输信息进行分组

C．TCP/IP 协议是一种计算机语言

D．TCP/IP 协议包括有关路由选择的协议

19．以下说法中，正确的是（　　）。

A．域名服务器（DNS）中存放 Internet 主机的 IP 地址

B．域名服务器（DNS）中存放 Internet 主机的域名

C．域名服务器（DNS）中存放 Internet 主机域名与 IP 地址的对照表

D．域名服务器（DNS）中存放 Internet 主机的电子邮箱地址

20．下列关于计算机病毒的叙述中，正确的是（　　）。

A．所有计算机病毒只在可执行文件中传染

B．计算机病毒可通过读写移动硬盘或 Internet 网络进行传播

C．只要把带毒优盘设置成只读状态，盘上的病毒就不会因读盘而传染给另一台计算机

D．清除病毒的最简单的方法是删除已感染病毒

21．一台微型计算机要与局域网连接，必须安装的硬件是（　　）。

A．集线器　　　　　　B．网关　　　　　　　　C．网卡　　　　　　D．路由器

22．下列操作一般不会感染计算机病毒的是（　　）。

A．在网络上下载软件，直接使用

B．使用来历不明软盘上的软件，以了解其功能

C．在本机的电子邮箱中发现有奇怪的邮件，打开看看究竟

D．安装购买的正版软件

23．调制解调器（Modem）的主要技术指标是数据传输速率，它的度量单位是（　　）。

A．MIPS　　　　　　B．Mbit/s　　　　　　　C．DPI　　　　　　D．KB

24．下列关于因特网上收/发电子邮件优点的描述中，错误的是（　　）。

A．不受时间和地域的限制，只要能接入因特网，就能收发电子邮件

B．方便、快速

C．费用低廉

D．收件人必须在原电子邮箱申请地接收电子邮件

25．调制解调器（Modem）的作用是（　　）。

A．将数字脉冲信号转换成模拟信号　　　　B．将模拟信号转换成数字脉冲信号

C．将数字脉冲信号与模拟信号互相转换　　D．为了上网与打电话两不误

# 综合练习题参考答案

### 习题一　参考答案

1．B　2．A　3．A　4．B　5．C　6．A　7．D　8．C　9．B　10．A　11．D　12．B　13．A
14．C　15．D　16．D　17．C　18．C　19．A　20．B　21．A　22．A　23．B　24．A
25．A　26．A　27．B　28．D　29．B　30．C　31．A　32．A　33．C　34．A　35．D
36．C　37．C　38．A　39．B　40．B　41．A　42．A　43．B　44．C　45．C　46．C
47．D　48．A　49．A　50．A　51．B　52．A　53．D　54．C　55．C　56．D　57．D
58．D　59．D　60．C　61．C　62．A　63．A　64．B　65．A　66．B　67．B　68．D
69．B　70．B　71．C　72．C　73．D　74．A　75．D　76．C　77．B　78．B　79．B
80．A　81．D　82．A　83．C　84．B　85．C　86．A　87．C　88．B　89．D　90．A

### 习题二　参考答案

1．B　2．A　3．D　4．A　5．B　6．A　7．A　8．C　9．A　10．B　11．C　12．A　13．C
14．B　15．A　16．C　17．B　18．C　19．C　20．C　21．C　22．D　23．B　24．A
25．A　26．D　27．D　28．D　29．B　30．C　31．B　32．C　33．B　34．B　35．B
36．D　37．D　38．B　39．A　40．A　41．A　42．A　43．B　44．D　45．B　46．B
47．C　48．B　49．B　50．A　51．D　52．A　53．A　54．C　55．B　56．D　57．B
58．A　59．B　60．B　61．C　62．B　63．B　64．D　65．C　66．D　67．C　68．B
69．C　70．C　71．B　72．A　73．B　74．C　75．B　76．C　77．B　78．B　79．A
80．B　81．C　82．D　83．D　84．B　85．B　86．B　87．A　88．B　89．A　90．A
91．D　92．D　93．C　94．A　95．C　96．B　97．B　98．B　99．B　100．B

### 习题三　参考答案

1．D　2．A　3．D　4．D　5．C　6．C　7．D　8．B　9．B　10．C　11．A　12．A
13．B　14．B　15．D　16．A　17．A　18．C　19．C　20．B　21．C　22．D　23．B
24．D　25．C

# 反侵权盗版声明

电子工业出版社依法对本作品享有专有出版权。任何未经权利人书面许可，复制、销售或通过信息网络传播本作品的行为，歪曲、篡改、剽窃本作品的行为，均违反《中华人民共和国著作权法》，其行为人应承担相应的民事责任和行政责任，构成犯罪的，将被依法追究刑事责任。

为了维护市场秩序，保护权利人的合法权益，我社将依法查处和打击侵权盗版的单位和个人。欢迎社会各界人士积极举报侵权盗版行为，本社将奖励举报有功人员，并保证举报人的信息不被泄露。

举报电话：（010）88254396；（010）88258888
传　　真：（010）88254397
E-mail：　dbqq@phei.com.cn
通信地址：北京市海淀区万寿路 173 信箱
　　　　　电子工业出版社总编办公室
邮　　编：100036